中国科技城建设的理论与实践

——基于浙江青山湖科技城规划研究与发展经验分析

龙开元　高志前　等 / 著

中国农业科学技术出版社

图书在版编目（CIP）数据

中国科技城建设的理论与实践：基于浙江青山湖科技城规划研究与发展经验分析 / 龙开元等著 .—北京：中国农业科学技术出版社，2017. 7

ISBN 978-7-5116-2832-9

Ⅰ. ①中… Ⅱ. ①龙… Ⅲ. ①科技中心-建设-研究-浙江 Ⅳ. ①G322. 755

中国版本图书馆 CIP 数据核字（2016）第 274108 号

责任编辑 王更新
责任校对 马广洋

出 版 者 中国农业科学技术出版社
北京市中关村南大街 12 号 邮编：100081
电　　话 （010）82106639（编辑室） （010）82109702（发行部）
（010）82109709（读者服务部）
传　　真 （010）82106631
网　　址 http：//www.castp.cn
经 销 者 各地新华书店
印 刷 者 北京富泰印刷有限责任公司
开　　本 710mm×1 000mm 1/16
印　　张 8. 25 彩插 2 面
字　　数 142 千字
版　　次 2017 年 7 月第 1 版 2017 年 7 月第 1 次印刷
定　　价 68. 00 元

目　　录

第一篇　课题研究总报告

第二篇　课题研究专题报告

第三篇　调研报告

第一篇　课题研究总报告

第一章　青山湖科技城中长期发展规划研究总报告

一、形势与需求

“十一五”以来，浙江省深入实施“八八战略”和“创业富民、创新强省”总战略，综合实力显著增强、自主创新能力大幅提升，2011 年 GDP 排名全国第三，发展方式转变进入关键机遇期。在国际竞争空前激烈、国内发展方式转变加速的当前，为了进一步加快推动浙江经济发展向创新驱动转变，为了探索科学发展新道路、实现科学发展走在全国前列、引领全国创新型经济发展，浙江必须集中力量迅速提升自主创新能力和经济转型引领支撑能力，全力打造竞争新优势，率先建设创新型经济。

在已有各类科技创新平台的基础上，在青山湖科技城高度集聚省内外优质创新资源，迅速提升创新资源效能，迅速形成创新引领能力，建设支撑经济转型、引领产业发展的创新源头区和产业先导区，打造转变经济发展方式、实现创新驱动增长的“发动机”，引领、驱动全省经济转型与创新发展，是浙江省打造竞争新优势、实现“八八战略”和“创业富民、创新强省”战略总目标、引领全国创新型经济发展的必然要求与重大战略部署。

二、发展思路与目标

（一）发展思路

以体制机制与管理创新为动力，以提升重点产业自主创新能力和辐射带动能力为核心，按照“创新集聚、产研协同、高端定位、有序推进、先行先试、引领扩散”的发展思路，充分发挥浙江民间资本、市场机制、创业精神的突出优势，整合、引进国内外一流创新资源，倾力打造产业技术领先、创业服务体系完善的创新基地与产业园区，把青山湖科技城建设成为支撑并引领浙江乃至长三角地区产业转型和新兴产业发展的科技资源集聚区、技术创新源头区、新兴产业先导区、低碳经济示范区，打造成为体制创新、产研协同、引领创业、生态低碳的国家自主创新示范区和亚太地区重要的科技创新中心。

（二）阶段目标

2012—2015 年：以全面完成创新基础设施为主要目标，整合浙江优质创新资源，形成产业体系和技术研发体系。

2016—2020 年：以产业转型支撑为主要目标，技术创新能力进入全省领先地位，重点产业支撑能力与辐射带动能力迅速增强，支撑浙江省和长三角地区经济转型与重点产业发展。

2021—2030 年：以创新引领发展为主要目标，实现科技城重点产业与领域研发能力进入全国先进行列，引领浙江省、长三角地区乃至全国经济转型与新兴产业发展，成为国际知名国内一流的科技引领、产业高新、生态优美的创新型城区和自主创新示范城市，成为亚太地区重要的科技创新中心，具体如下表所示。

表　青山湖科技城中长期发展与控制性目标

项目		创新基础建设 2012—2015	产业转型支撑 2016—2020	创新引领发展 2021—2030
主要发展目标	城区人口（万人）	15	20	20
	总收入（亿元）	≥1 500	≥2 400	≥3 000
	产业研发机构（家）	≥50	≥100	≥200
	高新技术企业（家）	50	80	100
	全社会 R&D 投入与占 GDP 的比重（%）	5	6	7
	每万个从业人员中 R&D 人员数（人年）	72	96	120
	科技活动人员占从业人员比重（%）	≥21	≥28	≥35
	每万人拥有发明专利数（件）	100	130	160
	研发服务业增加值占现代服务业增加值的比重（%）	36	48	60
	企业从业人员中大专学历以上人员的比重（%）	45	60	75
	每万人互联网用户数	3 000	4 000	5 000

（续表）

项目		创新基础建设 2012—2015	产业转型支撑 2016—2020	创新引领发展 2021—2030
主要控制目标	工业用地比重（%）	≤15	≤20	≤20
	研究、教育用地比重（%）	≥15	≥20	≥20
	空气污染指数	≤50	≤40	≤40
	绿化覆盖率（%）	≥70	≥60	≥60

三、主要建设任务

（一）科技城功能区建设

按照“因地制宜、适度集聚、分工协作、组团布局”的方针，结合产业结构与布局，建设三大组团（科技创新组团、高新产业组团、宜居生活组团）、两大功能区（环湖休闲区、生态功能区），实现“研发集聚、人才荟萃、低地工业、山谷墅落、田园交错、曲径通达、鸟语花香”的城市功能。

1. 科技创新组团

整合青山镇和开发区功能和空间布局，集聚科研院所与高科技领军人才，打造支撑创新产业的国际知名、国内一流的科技城，主要包括三大功能分区：研发集聚区、经济开发区和生活居住区。研发集聚区集聚国内外一流科研院所及高科技领军人才，主要包括八大园（区）：高端装备研发园、新材料研发园、新能源研发园、信息技术研发园、综合研发园、人才培训园、现代科技服务园和研发预留区。经济开发区逐步进行产业置换与迁移，主要发展新一代信息技术产业、创意设计产业、总部经济等，逐步发展科技研发与中试，成为研发集聚区的拓展区与中试区。生活居住区为科技创新组团工作人员提供不同层次的多元化居住选择和完善的生活配套服务。

2. 高新产业组团

整合高虹、横畈镇区产业和空间布局，以横畈功能区为主体建设高新产业组团，主要发展高端装备制造、新能源、新材料等低地产业，建设五大区：高端装备制造产业区、新能源与新材料产业区、产业配套区、横畈生活区和发展预留区。

3. 宜居生活组团

宜居生活区主要包括城东滨湖新区和锦北高新区，大力发展高端城市基础设施与配套服务设施，适当发展文化创意、会展经济、总部经济等产业，打造成集商业办公、生活居住、休闲旅游等功能于一体的城市综合体。

4. 环湖休闲区

依据环湖地区的土地用途、景观条件等用地要素，结合用地分布现状，塑造“山谷墅落、曲径通达”的环湖休闲区，主要发展居住、健康、休闲旅游产业。

5. 生态功能区

依托小山建设森林公园、体育公园等，以连绵山体建设自然风景区，形成“田园交错、鸟语花香”的青山湖生态功能区。自然条件优越的四条山谷可作为创新功能拓展的战略性预留区域，未来打造四个世界一流的创新研发园（或研发创意谷）。

（二）近期产业选择及产业群构建

围绕促进重大科技成果产业化、引领新兴产业发展的核心功能，聚焦高新技术产业中的研发与创新服务环节，适度发展知识密集型、资源环境友好型的高附加值制造环节，近期重点发展高端装备制造、新一代信息技术产业，积极培育新能源产业、新材料产业和生物产业，配套发展文化创意产业、健康与休闲旅游产业，形成“5 大战略性新兴产业、2 大高端服务产业”的产业格局。把握高新技术产业发展趋势，发挥科技城创新优势，在未来 10~20 年逐步实现产业体系的服务化，以创新引领浙江省新兴产业发展。

1. 高端装备制造业

重点发展数控装备、海洋装备系统、大型空分设备、智能化工程机械、电气设备、新型节能环保装备等高端装备，推进绿色制造与智能制造等相关技术和装备研发，发展相应的研发设计、试验验证的服务体系。依托浙江省在数控技术、大型电气设备等方面的雄厚基础，发挥青山湖科研院所集聚的优势，加强青山湖高端装备制造业创新体系建设。采取产业链接、技术外溢和资本扩张等形式，加强产业配套协作，形成以科技城科技创新组团为智力来源、以经济开发区为核心、积极向周边区域辐射的产业集群，努力打造具有国际竞争力的高端装备制造产业基地。

2. 新一代信息技术产业

重点发展离岸软件与信息技术服务、物联网、移动互联网、云计算、汽车电子、信息安全、集成电路芯片设计、数字多媒体与通信设备、智能终端等关键技术研发与应用，促进新业态和新商业模式发展，构建三网融合、和谐共赢的信息产业生态链。建设以锦北高新园区、国际生态软件园等集聚区为依托，打造杭州电子信息产业新中心。重点实施移动高速互联网、IP 城域网优化等工程，高起点建设下一代城市信息基础设施和信息服务平台。推动“三网融合”的试点示范，推进物联网技术在智能社区、智能园区的重大示范应用。

3. 新能源产业

重点发展海上风电、太阳能、潮汐能、智能电网、生物质能等新能源产业高端环节。着力引入太阳能、风能、海洋能等领域的研发机构、企业总部和技术中心、系统集成与工程总承包部门，提升新能源企业的研发、设计、工程服务和系统集成能力，推动建设新能源产业研发基地，成为国家新能源产业高端环节集聚地。开展风电整机、变频控制系统、并网控制系统、新型薄膜电池、大容量高效储能电池等关键技术和产品研发，积极发展太阳能和风能混合发电系统、高温太阳能集热器、太阳能光热发电等多种技术路线。

4. 新材料产业

重点发展电子信息材料、新能源和节能环保材料、纳米材料、高性能纤维和复合材料、有机硅材料、生物医用材料、金属新材料等领域，积极开展现代材料设计、评价、表征与规模制备加工技术研发，加快重大科技成果落地转化及产业化。依托长春应化所、浙江大学、中化等科研机构和企业，引进省内外优势科研机构、新材料企业总部与研发总部，探索青山湖新材料产业辐射发展的新模式。

5. 生物产业

重点发展生物医药产业、生物技术服务业和生物制造产业。整合全省优势科研、产业及医疗资源，推进基因工程药物、蛋白质药物、新型疫苗及诊断试剂、现代中药、医疗器械的研发和产业化；大力发展生物技术服务业，加快生物技术在农业、工业、环保等领域的规模化应用。充分利用浙江省医药生产门类齐全的优势，以青山湖科技城为核心加快建设中国生物医药产业孵化基地，打造集研发、生产、销售及信息服务为一体的产业链。

6. 文化创意产业

重点发展创意设计、咨询策划、数字媒体内容制作与展示、动漫等产业。建设青山湖国际创意园，以创意载体推动产业发展。推动总部经济和楼宇经济的发展，带动高端工业地产、旅游地产的发展，建设宜居宜业的文化创意产业示范区。

7. 健康与休闲旅游产业

重点发展生态旅游、创意产业旅游、旅游工艺品设计开发和生产、健康休闲等产业。创新旅游发展模式，建设旅游会展中心，同时整合周边区域酒店、会展、购物与娱乐设施，成为上海—杭州—黄山世界级黄金旅游线的重要品牌景区。引进并利用优质医疗资源，建设国际健康保健休闲中心，发展医疗、康复、养老等服务业。在严格保护生态环境的前提下，选择一定区域打造智能化生态社区，积极开发生态旅游景观地产，集成利用新能源、绿色照明、生态建筑、建筑节能、新一代通信、资源循环利用、生态环境保护、绿色制造等技术。

（三）科技创新基地与创新服务体系建设

集聚国内外一流科研机构，汇集高端人才，建设科研基础条件一流和创新氛围浓厚的科技城创新基地；集成省内外创新服务资源，建设以公共科技创新服务平台为核心、规范化、专业化、规模化、网络化、社会化、国际化的科技创新服务体系。

1. 产业创新基地群建设

围绕高端装备制造、新一代信息技术、新能源、新材料、海洋等重点产业需求，重点投入一批公共科研基础条件设施，引进、建设若干个国家工程技术研究中心和国家重点实验室，打造四大国内领先的产业技术研发与新兴产业培育基地群。强化已入驻科研院所以及相关研发机构的研发能力建设，吸引、集聚国内外一流科研机构和大企业研发中心，推动技术研究机构整合关联研发平台与企业，完善应用开发、技术集成中试、技术转移与孵化功能，迅速提升科技城引领产业高端创新发展的能力。

2. 集智平台建设

加强有利于开展科研团队短期学术交流和召开全球性学术会议相适应的国际化公共科研服务机构和综合性会展中心建设，配套完善相关国际一流科技基础条件设施，以及国际化住宿、休闲、娱乐和疗养等设施，建立国际人才引进和短期交流的相关保障、服务和共享机制，大力建设与生态相融合的“大师”创新工作室。

3. 综合性创新服务平台建设

引进或建设技术转移机构、专利服务机构、创业孵化机构等专业化创新服务组织，建立具有技术转移、创业孵化、科技评估、中试检测、创新管理咨询等综合性创新服务功能的科技城创新服务中心，作为科技城公共科技创新服务平台的核心载体。科技城创新服务中心建设由政府资助、市场运行，是以公共科技创新服务为主要任务的非营利性机构。

4. 创新服务优质资源网络建设

与未来科技城建立技术转移与创业孵化战略联盟，与省内外主要技术转移与创业孵化机构建立创业服务合作机制，与上海、长三角等区域技术转移联盟建立合作机制；建设科技城科技创新服务网站和各类科技专家库、研究机构和企业信息库、项目库和成果库等数据库，与省知识产权（专利）和技术标准信息服务平台建立信息共享机制。

四、管理与运行机制

1. 以高规格管委会为保障的管理与协调机制

强化浙江省青山湖科技城建设领导小组职责，加强青山湖科技城建设过程中各省直部门及地方政府的全面统筹和综合协调。设立正处级管委会，管委会主任由临安市市长兼任，全面负责管委会与临安市直部门的协调以及科技城日常事务管理。建立青山湖科技城和浙江海外高层次人才创新园建设协调机制，加强青山湖科技城和浙江海外高层次人才创新园建设的统筹协调。

2. 以定期协议为核心的准入与退出机制

严格控制入园标准和范围，签订定期协议（严格确定土地出让租赁年限等），对入驻企业和科研机构的后期项目建设、产业开发、产出效益等进行全过程管理，并对不按入城要求进行项目建设和产业开发、产出效益低下的企业、科研机构和大学等，到期实行严格的淘汰与退出机制，实现科技城建设的有序更新。

3. 以创新平台为基础的资源统筹与共享机制

整合内外部科技资源建设公共创新平台（与网络），建立科技城科技资源信息管理系统，实时、动态地向科技城企业与科研院所发布科技资源共享信息，通过后补贴等方式大力推动大型科学仪器设备、检验检测设备等科技资源对外开放与共享，对于省财政在科技城形成的科技资源建立共享考核与评价制度，提高科技资源对科技城创新发展的支撑效率与能力。

4. 以创新能力为重点的考核评价与监督机制

以创新能力为考核重点，建立科技城发展运营管理考核评价指标体系，根据创新能力提升的需求对整个科技城建设发展的运营、质量、效益、管理等进行全面评估，通过定期和不定期的考核，提高科技城创新服务的效率和水平，持续推动科技城的科学发展。

五、创新政策与措施

1. 创新投入机制

由浙江省、杭州市、临安市的政府资金共同投入建立青山湖科技城建设资金，用于科技城建设和发展，并支持青山湖科技城综合性创新服务平台发展。

设立青山湖创业投资引导资金，根据创投企业对企业实际投资额按比例跟进投资，浙江省创业引导资金与杭州市创业引导资金再按一定比例同步跟进投资。协调浙江创业投资集团在青山湖科技城设立分中心。

设立青山湖科技成果转化引导资金，面向高新技术产业、区域优势产业等方面的应用需求，给予企业贷款风险补偿、绩效奖励等支持，并且通过支持技术转移与创业孵化战略联盟发展促进科技成果转化进程。

推进政府、金融机构、科技型企业等多方参与的风险分担体系建设，引导银行、保险等社会资金流入中小企业：引入杭州银行科技支行以及杭州市、临安市的国有担保公司，特别是科技担保公司；浙江省、临安市共同出资设立贷款“风险池”，将“风险池”作为引导资金存入合作银行，由合作银行按比例放大提供信贷支持。

通过简化行政审批流程、税收优惠、补贴、奖励等方式吸引天使投资、专业型风险投资和综合型风险投资等不同类型风险投资入驻、投资科技城。

探索扶持科技金融发展的新型金融组织及新型产品，重点推进银行金融机构开展知识产权质押融资试点；探索企业融资渠道突破，重点支持科技型企业上市融资。

2. 全面招才引智

依托“千人计划”“浙江省海鸥计划”“杭州市521计划”“天目彩虹引智工程”等，全力集聚高科技领军人才；加大对技术咨询、技术评估、技术检测、孵化管理等科技服务人才的引进和奖励；大力引进和培养高级技术工人以及民间工艺和文化人才。借助浙商全球网络，拓宽人才引进渠道；建立高端人才短期工作和交流机制，实现“不为所有，但为所用”。

建立同海创园（未来城）的人才交流和培育机制。鼓励青山湖科技城科研机构柔性聘用海创园高端人才；联合海创园共建人才培育基地，重点加强高科技人才、中介服务人才和高级技工的培养。

建立人才服务平台，统一协调组织人才引进、入驻手续和生活设施等相关事宜。协调省内一流中、小学在本地建立分校，解决人才的子女教育问题。

面向全国举办“青山湖创新论坛”，开展创新政策、产业发展等主题研讨，评选全国年度十大创新人物、十大创业人物、十大创意，举办全国创新成果展览等，提升青山湖影响力与知名度。

3. 强力招院引所

对国家级研发机构和国家级高新技术企业研发中心，按照建设总投资额（不含土地成本）的10%给予资助。

国际一流科研机构入驻科技城当年（含当年）起，2年内其缴纳税收的地方留成部分，按100%额度对科研机构进行奖励；第3~5年，按50%额度对科研机构进行奖励。

设立院所奖励资金，对在产学研合作、产业技术研发和技术转移等方面有重大贡献的科研院所进行表彰和奖励。

4. 激励企业创新

全面落实各级政府关于促进企业研发、成果转化以及设备更新等各项税收优惠政策。参照中关村、东湖和张江自主创新示范区，尝试扩大“加计扣除”的范围，将企业为研发人员缴纳的“五险一金”、医药企业发生的临床试验费等列入“加计扣除”范围；将职工教育经费税前扣除比例由2.5%提高到8%，且超过部分准予在以后纳税年度结转。同时，大力推进知识产权保护与运用，并参照自主创新示范区，探索采用股权奖励、股权出售、股票期权、分红激励的方式，鼓励高等院校和科研院所以及科技人员以科技成果作价入股。鼓励和支持中小企业采取联合出资、共同委托等方式进行合作研究开发，对中小企业的成果转化给予扶持和补贴。

5. *严护人居环境*

设定城区人口上限，限制发展劳动密集型产业，实行住房低密度开发模式 实现“以业控人”“以房控人”，预防“城市病”。

制定并执行项目准入制度，从产业技术水平、资源利用效率、污染物排放、经济效益等方面设定准入指标，提高准入门槛。

严格控制绿化覆盖率。规划设计城市绿线，进行绿地边界控制；附属绿地实行与用地性质相对应的绿地率控制。土地使用权划拨或者出让前，土地主管部门会商城市园林绿化行政部门。严禁住宅建设项目“花钱补绿”。

附件 1　浙江省青山湖科技城功能区框架图

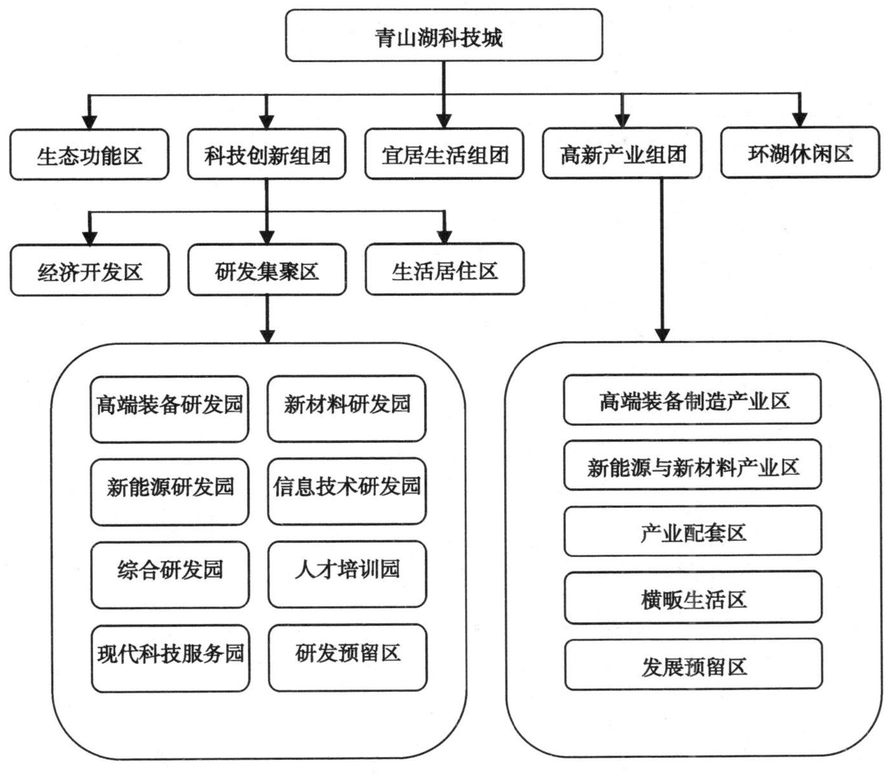

附件 2　浙江省青山湖科技城组织管理架构

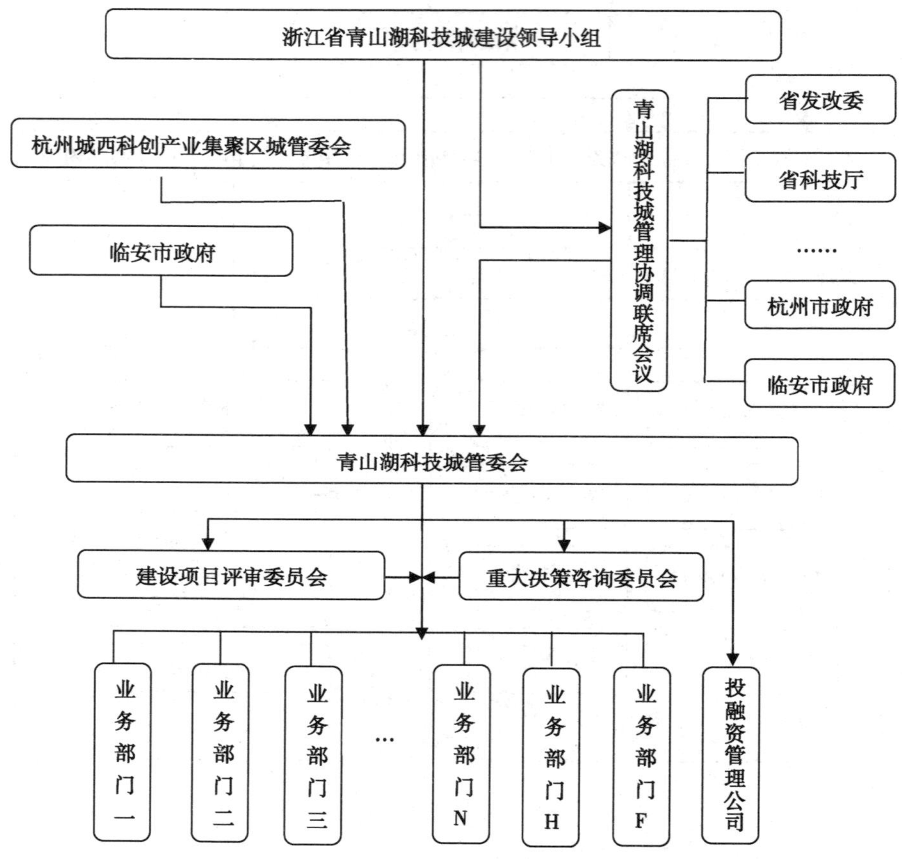

附件 3　浙江省青山湖科技城发展路线图

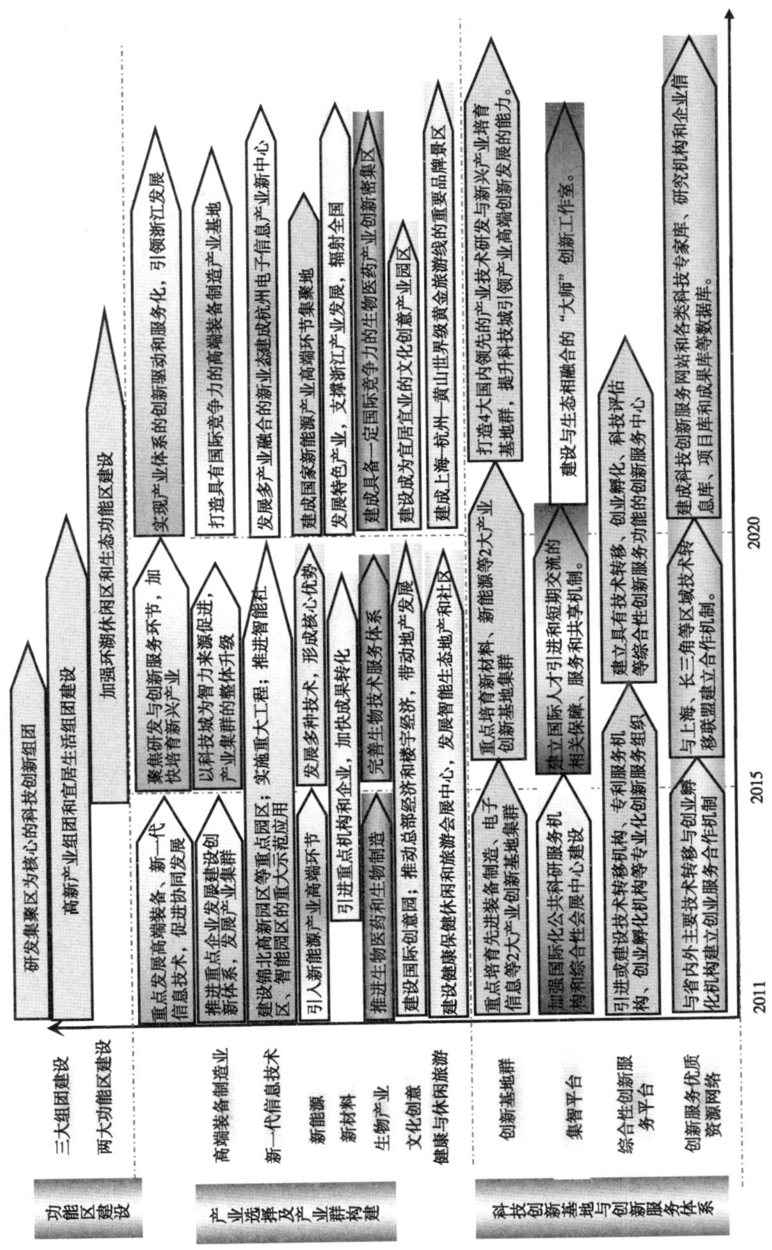

第二篇　课题研究专题报告

第二章　青山湖科技城建设的必要性与 SWOT 分析

青山湖科技城建设是浙江省贯彻实施“两创”总战略、加快科技强省、提升自主创新能力、促进经济转型升级的重要举措。本专题报告将从“未来经济社会发展与青山湖科技城建设”以及“科技城建设的 SWOT 分析”两部分重点阐述青山湖科技城建设的必要性、重要意义以及发展中面临的形势与问题。

一、未来经济社会发展与青山湖科技城的建设

（一）建设青山湖科技城是浙江省推动经济转型升级发展、贯彻“创业富民、创新强省”总战略落实的重要举措

1. 浙江省经济转型升级发展：形势紧迫，基础良好

浙江省是我国经济发展水平较高的省份之一。2011 年，浙江省 GDP 总量突破 3 万亿元，人均 GDP 等经济发展指标处在全国前列。但是，近年来浙江经济增速放缓，和 1979—2010 年 GDP 年均增长 13%的发展速度相比，“十一五”时期 GDP 年均增长是 11.9%，而同时期江苏省 GDP 年均增长是 13.5%。经济增速放缓导致浙江经济总量与我国 GDP “第一梯队”省区之间的差距拉大，2010 年浙江与排名全国第三的山东相比，GDP 总量已经相差 1 万亿以上。从产业发展角度看，浙江省产业发展创新能力不足成为制约经济转型升级的重要因素之一。具体表现在：产业的组织化程度低，集群发展处于初级阶段；行业内龙头企业的作用不突出，无法形成有效的示范带动效应；还没有形成完整的产业创新链等。从企业发展角度看，以往最具活力的民营经济发展遭遇空前危机，大量中小企业面临微利经营、亏损经营甚至倒闭的风险。温州市经贸委的调查显示：在其重点监测的 35 家眼镜、打火机、制笔、锁具等出口导向型企业中，亏

损的占1/4强，仅三成企业利润保持增长，行业平均利润率为3.1%，利润率超过5%的企业不到10家[①]。

尽管形势紧迫，但浙江经济所具有的一些内在禀赋为转型升级提供了良好的基础。首先，民营经济本身的机制活力是推动浙江经济转型升级的重要潜在力量。从历史上看，浙江自改革开放以来一直以民营经济的快速发展在中国区域经济发展中“独树一帜”，全省市场经济运行环境好，利用市场机制配置和动员资源的能力强，这种机制上的优势如果利用得当的话，同样将会在推动经济转型升级过程中发挥重大作用；其次，浙江民营企业家的创新创业精神将成为促进经济转型升级的重要决定因素。因此，尽管目前浙江经济面临转型升级的严峻挑战，但是由于市场基础好，企业家创新创业能力强，一旦这种内在的资源禀赋与科技创新等现代生产要素有机结合，将形成巨大的转型升级力量，快速推动浙江省经济步入创新驱动、内生增长的发展道路。

2. 经济转型升级对科技创新提出重大需求

当前，浙江省经济发展进入加速转型期。《长江三角洲地区区域规划》的全面实施和浙江被列为全国海洋经济试点省等为加快经济转型升级创造了有利的条件。但是，浙江经济发展中面临的产业层次低、创新能力不强、要素制约加剧等问题愈加突出，过多依赖低端产业、过多依赖低成本劳动力、过多依赖资源环境消耗的增长方式越发难以为继。因此，着力调整经济结构、着力加强自主创新，努力把经济增长方式调整到创新驱动、内生增长的轨道上来，成为浙江经济转型升级的内在要求，具体表现在以下几个方面。

一是发展现代服务业和提升制造业水平的产业结构调整方向对科技创新水平提出新要求。一方面，新时期，浙江省将把现代服务业作为新的主导产业和经济增长点来加大扶持力度，重点发展研发设计、现代物流、市场营销等现代服务业。另一方面，努力提升现有制造业的技术水平。产业机构调整和新兴高端产业的引入将进一步强调科技的支撑能力建设，创新人才的培养以及整体创新环境的改善，从而使得全省产业创新能力大幅提升，带动经济转型升级。

二是积极培育行业龙头企业、加快提升企业自主创新能力建设对科技

① 郭芳，周媛萌，等.2011. 浙江产业空心化之忧［J］. 中国经济周刊，28：48-51

创新水平提出新需求。民营经济是浙江经济发展的最大潜在优势。新时期，如何通过科技创新支撑中小企业转型升级发展，成为浙江民营经济能否重新焕发活力的关键。因此，以培育创新型行业龙头企业为抓手，全面提升企业自主创新能力，是推进浙江经济转型升级的重要环节。

三是促使更多的企业家成为科技型、创新型企业家对科技创新水平提升新挑战。浙江省向来不缺企业家，但是，具备现代管理思维、创新管理能力强的企业家却不多见。因此，如何促使浙江的民营企业家更多地接受科技创新理念，加快企业现代管理创新，成为新时期浙江经济转型升级的内在要求。

3. 青山湖科技城是浙江省高度集聚创新资源、带动经济转型升级发展的新的重要载体

浙江省经济转型升级为科技创新提出重大需求。如何使这种需求“落地”，真正转化为推动经济增长的源动力，还需要结合现实发展基础和条件。从目前浙江科技创新发展基础条件看，与其“经济大省”的地位并不相称。2011 年，浙江综合科技进步水平指数居全国第 8 位，落后于东部的上海、北京、天津、广东、江苏、辽宁以及西部的陕西省，比 2010 年下降了一位。从主要科技进步指标看（表 2–1），浙江省均位于全国中下游水平，其中一些指标还处于下降趋势，如“科研与综合技术服务业新增固定资产占全社会比重”“获国家级科技成果奖系数”“环境质量指数”等。

表 2–1　浙江省主要科技进步指标在全国的排位情况

科技进步指标	2010 年	2011 年
每名研发人员新增仪器设备费	27	26
科研与综合技术服务业新增固定资产占全社会比重	19	29
万名研发活动人员科技论文数	30	30
万名研发活动人员向国外转让专利使用费和特许费	20	15
万人技术成果成交额	13	13
企业研发人员占全社会研发人员比重	18	13
企业引进消化吸收经费支出占主营业务收入比重	17	12
获国家级科技成果奖系数	11	24
高技术产业劳动生产率	27	27
高技术产业增加值率	27	27
高技术产品出口占出口额比重	17	17
环境质量指数	15	18

在这种并不具备比较优势的科技现有基础条件下，浙江省近年来不断加强科技创新能力建设，截至2010年年底，全省范围内已经建立了57个公共科技基础条件、行业和区域科技创新平台，如杭州的钱江科技城（定位为“国际化创新创业基地，国内新兴主导产业品牌园区，和谐宜居品质新城”）；滨江科技城（定位为“以高新科技产业为骨干、集商务、教育、旅游、居住、商贸、研发功能为一体的高科技、多功能、园林化的科技城”）；嘉兴科技城（定位为“国际性科技合作交流基地、长三角区域技术发动机、环杭州湾高新技术产业示范基地”）；宁波科技城（定位为“长江三角洲地区重要的科技创新基地和高新技术产业基地”）等。但是，这些科技创新平台还没有一个明确着眼于浙江经济转型发展对科技创新提出的重大需求，在定位上未能对支撑全省经济转型发展的要求做出明确回答。

和其他已有的科技创新平台不同，青山湖科技城是在一个相对狭小的空间区域内，正在高度集聚省内外大量优质创新资源，以体制机制创新为前提，充分利用政策手段而打破了现有的科技资源布局。通过引进一批国内外一流的科研院所，集聚一批高层次科技创新特别是研发骨干人才，建设一批国家级和省级重点实验室、工程中心、检测中心，青山湖科技城将成为浙江省乃至长三角地区创新要素最活跃的研发基地之一，成为国际先进、国内一流的科技资源集聚区、技术创新源头区和高新企业孵化区，从而极大地促进浙江省经济转型升级，加快落实“创业富民、创新强省”总战略，成为新时期浙江经济转型升级发展的新引擎。

（二）建设青山湖科技城是浙江省科技强省、参与长三角区域创新竞争合作的重要途径

长江三角洲地区（以下简称“长三角地区”）是我国综合实力最强的区域，在国家经济社会发展全局中具有重要的战略地位和突出的带动作用。国家《长三角地区区域规划》将长三角地区定位为亚太地区重要的国际门户，全球重要的现代服务业和先进制造业中心，具有较强国际竞争力的世界级城市群，要求优先发展面向生产的服务业，加快形成以服务业为主的产业结构，加速建成创新型区域。

浙江省在长三角两省一市范围内，从经济总量看，属于“三足鼎立”的重要一极。但是，从发展的角度看，相对于同区域的江苏和上海，浙江

省在未来长三角地区发展战略中面临巨大的竞争压力。以重点城市的发展定位为例，国家《长三角地区区域规划》中明确指出，要进一步提升上海的核心地位，形成一批国际竞争力较强的产业创新基地和科技研发中心，发挥自主创新示范引领作用，带动长三角地区率先建成创新型区域；要把南京建设成“先进制造业基地、现代服务业基地和长江航运物流中心、科技创新中心”。而对杭州的定位是：“建设高技术产业基地和国际重要的旅游休闲中心、全国文化创意中心、电子商务中心、区域性金融服务中心”。

为了实现错位发展，有效提升浙江在长三角区域创新竞争合作中的地位，形成和经济发展水平相匹配的长三角区域创新“三足鼎立”局面，浙江省通过青山湖科技城建设，加快形成杭州城西科创产业集聚区，以知名高校和科研机构、企业研发总部等高端研发机构集聚入驻为基础，深化产学研合作，加快科技成果转化，吸引高端人才创新创业，建设具有浙江特色的长三角地区最具活力和实力的研发创意产业基地。青山湖科技城的建设将有利于提升杭州市乃至整个浙江省在长三角地区的战略地位。

（三）建设青山湖科技城是浙江省提升区域创新能力、落实国家创新发展战略目标的重要支撑

浙江是我国首个国家技术创新工程试点省。作为整合国家和地方科技资源，共同推进创新型国家建设任务的重要举措之一，试点工作将为全国其他地区起到示范引领作用。通过发展创新型企业、建设公共科技创新平台，构建产业技术创新战略联盟等措施，浙江省不断提升区域创新能力，同时也为我国建设创新型国家提供了有益经验。青山湖科技城是浙江省《“十二五”科技发展规划》中重点规划建设的创新平台。作为汇聚国内外众多优质创新资源的智力密集区，青山湖科技城将在重大科研技术攻关和成果转化、促进企业技术创新和产品创新等方面承担重要角色，并在体制机制创新探索中先行先试，有力支撑浙江国家技术创新工程试点省建设。

浙江省是2010年由国务院批准同意的3个全国海洋经济发展试点省份之一。大力发展海洋经济，不仅将成为浙江省未来经济转型发展的重要引擎之一，而且将为国家沿海地区发展海洋经济积累有益经验。青山湖科技城作为浙江省着力打造的科研机构聚集区，目前已经将包括海洋二所等

在内的和海洋经济相关的重要研发机构囊括在内。通过科技城建设，一批重大的和海洋经济发展相关的科研成果将不断转化应用，充分发挥对国家海洋经济发展的科技支撑引领作用。

二、科技城建设的 SWOT 分析

（一）优势（strength）分析

1. 毗邻杭州城区，区位优势明显

杭州是浙江省省会城市，也是长三角地区两个副中心城市之一，是浙江省的经济、政治、文化和科教中心。科技城位于杭州西郊、临安城市东部的国家森林公园青山湖区域，地处杭州半小时、长三角两小时交通圈，距浙大紫金港校区 22 千米，距杭州萧山国际机场 65 千米。交通便利，通过杭徽高速、02 省道、杭州文一西路延伸段及杭州地铁 5 号轻轨线，可以与杭州、上海等大都市实现无缝对接。

2. 生态环境优越

临安位于杭州西郊，是国家生态市、国家森林城市，森林覆盖率达 76.55%，拥有天目山、清凉峰两个国家级自然保护区和青山湖国家森林公园，青山湖科技城就坐落在临安青山湖区域。该区域内生态环境优越，植被覆盖率达到 96% 以上。区内山丘蜿蜒起伏，水网密布，空气清新。尤其是 9.8 平方千米的青山湖，湖面碧波荡漾，青山绿树环抱，环境清幽怡人，是科研人员激发创新思维、启迪灵感火花的理想场所。

（二）劣势（weakness）分析

1. 地域狭窄，区域空间限制导致不适合大规模工业展开

科技城所在地临安市地处杭州市西部丘陵山区，山多地少，地势西高东低，西部山岭起伏延绵、多崇山峻岭，向东渐趋低缓，低山丘陵和宽谷盆地交错分布。因此，从地理角度看没有可供大规模工业展开的合适区域。

2. 科教基础条件比较薄弱

科技城所在地浙江杭州市，尽管聚集了浙江省大部分的科教资源，但是和长三角同区域的江苏和上海相比，其科教基础条件显得相对薄弱。从

中科院系统在全国的分布情况看，中科院在江苏和上海分别设有中科院南京分院和上海分院，并设有为数不少的直属研究所，而中科院直到2004年之前未在浙江省设立研究所，截至目前也只有一定数量的省院共建单位存在；从高水平重点大学的全国分布情况看，浙江省进入“985工程”的大学只有浙江大学一所，而同区域的江苏有两所（南京大学和东南大学），上海有4所（复旦大学、上海交通大学、同济大学和华东师范大学）。因此，从经济地位看，浙江在长三角地区的科教基础劣势条件相对突出。

3. 高层次创新人才不足

浙江省的科教基础条件相对薄弱，产业结构类型以传统制造业为主，高新技术产业发展相对滞后，在此种背景下，高层次创新人才较难找到合适的创新创业机会，同时缺乏施展才能的科技创新平台。因此，近年来浙江省加大人才工作力度，正在筹建海外高层次人才创新园（未来科技城）等一批以吸引高端创新人才为目标的科技创新平台，但是从短期看，高层次创新人才短缺的现状难以改观，这在一定程度上影响了产业转型升级的速度与效果。

（三）机遇（opportunity）分析

1. 浙江省经济转型发展对科技创新提出迫切需求

作为我国独具特色的“民营经济”大省，浙江省在“十二五”时期处在重要的战略机遇期，同时也面临加快改造提升传统产业、培育发展战略性新兴产业、建设创新型省份的巨大挑战。经济转型发展压力对科技创新提出迫切需求，在此背景下，浙江省委、省政府决定建设青山湖科技城，集聚创新资源，激发创新要素，培养创新人才，转化创新成果，充分发挥科技创新对经济转型升级的支撑引领作用，为科技强省和建设创新型省份奠定坚实基础。

2. 各级政府高度重视，强力推进科技城建设

为建设国际先进、国内一流的科技城，浙江省、杭州市和临安市三级政府着眼于服务经济转型升级，围绕战略性新兴产业定位，着力招引国家级重点实验室、工程技术研究中心和技术检测中心，世界500强、央企、军工企业、民营大企业、高新技术企业的研发中心、技术创新中心和企业总部，以及站在世界科技前沿、掌握关键核心技术的领军人才和优秀团

队，出台招院引所、招才引智专项政策，形成政策的叠加效应。

2009 年 12 月，浙江省政府办公厅下发了《关于加快浙江省科研机构创新基地（科技城）建设的通知》（浙政办发明电〔2009〕296 号），内容包括建设科技城的重要意义、明确建设目标、科学规划建设、创新体制机制、完善扶持政策、加强组织领导等六个方面。2010 年 10 月，临安市出台了《关于鼓励和吸引国内领先国际一流科研机构入驻省科创基地（科技城）创新创业的若干意见》（临政发〔2010〕98 号）。其主要内容包括入驻条件（包括引进对象、产业范围）、鼓励政策（包括建设用地和研发办公场地供给、税收奖励、配套用房和生活保障）和产业化扶持（包括安居扶持和项目扶持）3 个方面。2011 年 4 月，杭州市政府出台《关于推进浙江省科研机构创新基地（青山湖科技城）建设的若干意见》（杭政函〔2011〕59 号），从研发机构的引进、鼓励创新和培养优秀人才三方面提供优惠政策。2011 年 8 月，浙江省政府办公厅下发《关于进一步支持青山湖科技城建设发展的若干意见》（浙政办发〔2011〕92 号），再一次明确了科技城的产业定位和发展目标。

（四）挑战（threat）分析

1. 如何协调研发集聚与产业发展的关系

由于自然地理条件的限制，目前青山湖科技城发展在地理上面临研发集聚和产业发展之间的被迫分离。这种分离将在一定程度上导致研发成本的上升和沟通交流的不便，因此需要在实际建设过程中认真考虑并采取适当措施予以解决。

2. 如何处理好科技城建设过程中政府和市场的作用

在科技城建设初期，政府是主要的推动力量。但是，随着城市规模的不断增大，城市功能的不断完备，如果始终由政府全权管理的话，势必在运行管理上存在成本高昂和信息不畅的弊端。因此，如何在建设初期就考虑充分发挥市场机制的作用，如何能够把原有的院所模式转化为市场导向下的企业化的研发模式以及如何建立更高效的科技城长效运行管理模式。在科技城建设进程中必须认真考虑政府和市场的关系这一重大问题。

3. 如何应对区域内创新资源竞争日趋激烈的挑战

随着以创新驱动为特征的的经济发展方式转变步伐的加快，正如以前对资本、土地等稀缺要素追逐的情况一般，目前我国各区域间对创新资源的竞争日趋激烈，一个集中表现是，众多不同层面的科技城不断兴起。从国家层面看，有中组部牵头在全国不同地区建设的四大科技城（北京未来科技城、天津滨海科技城、武汉东湖科技城和杭州未来科技城）；从省级层面看，以浙江省为例，不同地市出现了多家不同名目的科技城，如杭州的未来科技城和青山湖科技城、作为创建浙江省科技创新副中心重要载体的嘉兴科技城等；从地市级层面看，以杭州为例，现在已经在一个相隔很近的区域范围内出现了“双城”（未来科技城、青山湖科技城）分立的局面。因此，如何突出自身优势、实现错位发展，成为未来青山湖科技城发展面临的重大挑战之一。

4. 如何协调三级地方政府在科技城建设上的不同利益诉求

青山湖科技城是浙江省各级政府强力推进的产物，其建设和发展与政府意愿息息相关。但是，由于每级政府的关切重点不同，如何协调其各自的利益诉求便成为青山湖科技城建设和发展中所需要解决的重点问题之一。对于浙江省政府来说，以青山湖科技城建设为契机，加快经济转型发展步伐，力争为民营经济转型升级提供所需的技术支撑，是其最为关注的内容；对于杭州市政府来说，青山湖科技城建设无疑为其城市发展增加新的亮点，或许会成为新的城市“名片”；对临安市政府来说，如何通过科技城建设，发展更多支撑 GDP 增长的新的经济增长点，则是其长远的战略目标。因此，分阶段、分重点、有序推进科技城建设，实现不同层面的发展目标，成为青山湖科技城未来可持续发展的关键所在。

第三章　青山湖科技城建设的总体思路与战略目标研究

自第一个科学园区（美国斯坦福研究公园）建立以来，在科技园区城市化和城市高科技化的基础上，世界各地的科技城迅速发展起来，形成了一大批如美国硅谷、剑桥科技城、筑波科技城等为代表的高新技术产业集聚高地，成为引领各国经济发展的增长极。在全球化、信息化、知识化的大背景下，科学城的发展呈现出一些新的发展趋势，这些新趋势对于建设国际一流科技城有着重要意义。本章在分析世界科学城发展新趋势基础上，依据国际科技城发展规律与经验，提出青山湖科技城的发展思路与目标，推动青山湖科技城的国际化发展与建设。

一、国际科技城发展的最新趋势与特点

（一）从城市中心走向城市边缘

20 世纪 80 年代以来，随着大都市经济的不断发展，城市中心交通拥堵、房价上涨、空气污染严重，不利于吸引投资、高新技术产业与高科技人才，科技园区的区位选择从城市中心走向城市边缘，如剑桥科技城离伦敦 50 英里（1 英里 = 1.609 千米。下同）、筑波科技城离东京 30 英里、新竹离台北 40 英里。当然，这种区位选择需要迁移或新建高质量的大学、科研院所以及高科技企业，需要建筑高水平的交通、通信、居住等基础设施。

（二）生态环境成为核心要素

高科技人才和产业对生态环境的要求都很高，科学城生态环境的好坏直接影响其对高端科技人才与高新技术产业的吸引力。成功的科学城一般建设在生态资源禀赋条件较为优越的地区，一般都具有得天独厚的山水环境。例如，法国索菲亚安蒂波利斯科学城位于法国南部有名的旅游城市尼

斯市25千米处，濒临地中海，背靠阿尔卑斯山，占地2 400多公顷，全部开发用地只占1/3，到处是厚密的植被，葱笼的林木，风景秀丽，气候宜人，素有“蓝色海岸的一颗明珠”之称，科学城优越的生态环境，吸引了一大批高水平科技人员和著名高科技企业。世界著名科技城都致力将自身建设成为生态型城市，在城区建设与规划中特别注重生态景观环境的营造，为创新创业与人才发展提供品质保证。科技型城市应该高度重视生态环境建设，合理控制城市人口规模，保障科学城良好的生态环境，以吸引高端科技人才与高新技术产业。

（三）科技与产业必须高度融合

集聚雄厚而又极具发展潜力的科技资源，或者依托临近著名大学和知名科研机构是科技城发展的必要条件。国际上成功的科技城，如美国硅谷、剑桥科技城、筑波科技城等都是科技资源高度集聚区。同时，成功的国际科技城都大力推进科研、产业的有机融合，形成创新产业的成长链，引导高技术产业发展，成为技术创新源头区、高新企业孵化区。例如，韩国光州技术城建设的主要目的就是把研究、工业结合起来，大力发展高水平的科技创业园区和其他各类技术孵化中心，通过科学研究与产业发展的结合，迅速推动了光州技术城的发展。

（四）引领新兴产业发展

由于科技资源的高度聚集、科技与产业的高度融合，科技城成为各国各地区新兴产业的源头区，引领全国与地区新兴产业发展。美国硅谷通过斯坦福大学、加州大学伯克利分校等著名研究型大学以及大量专科学校和技工学校与外部企业的紧密联系、高度结合，迅速开发高新技术与发展高技术新兴产业，催生和引领了全球21世纪电子信息产业、移动通信、物产业等发展。

（五）城市服务体系高端化

在信息化时代，信息已经成为科学研究、技术开发、产品生产的基本要素条件，信息化和网络化水平已经成为国际企业区位选择的重要决定因素，已经成为衡量科技城基本基础设施的重要指标。世界各地的科技城都在建设信息网络高速公路，大力发展电子商务、电子政务，保障企业信息、政府信息、金融信息的方便、高速、安全地传递与交流。科技城发展应该高起点规划建设信息网络基础设施，保障科技城科研单位、高科技企业、科技人才的信息化生存。

快捷、方便、舒适的交通网络是科技城发展的必需条件。科学研究、高新技术产品开发与生产要求对市场和信息的快速反应以及频繁的交流与互动，这要求科技城的建设必须是开放的，面向区域，甚至是面向世界的，世界各地的客商、人才能够通过多种交通工具方便快捷地到达科技城，科技城的科技人员与企业能够通过多种交通工具方便快捷地到达世界各地，如法国法兰西岛、索菲亚、里昂、格勒诺布尔等科学技术城都靠近机场，高速公路、电汽火车四通八达。

科技城也是未来城市建设的示范，世界各地的科技城在城市能源、市政公用设施等方面都体现了科技城高科技、高端化的特点。如在日本筑波科技城，都市基础设施十分先进，如在城市中心地区建有高效地下隧道、公共中央供热制冷系统、有线电视系统，在筑波城的中心标志性建筑有大规模的商业中心、图书馆、博物馆、交通设施等。

二、青山湖科技城发展思路与战略定位

依据国内外科技城发展的规律与发展趋势，青山湖科技城发展必须坚持科技引领、高端发展、生态低碳的原则，结合浙江省经济转型升级与“创业富民、创新强省”的总体战略与青山湖的优劣势，青山湖科技城建设必须以提升重点产业自主创新能力和辐射带动能力为核心，坚持“生态、智慧、特色、开放”的建设理念，坚持科技创新、产业培育、城市发展与生态保护的有机结合，按照“创新集聚、产研协同、高端发展、引领示范”的发展思路，倾力打造产业技术领先、创业服务体系完善、高效联动的创新基地与产业园区，着力提升科技城的创新能力、创业活力、城市魅力和区域竞争力，把青山湖科技城建设成为支撑引领浙江乃至长三角地区产业转型和新兴产业发展的科技资源集聚区、技术创新源头区、高新企业孵化区、低碳经济示范区，打造成为生态低碳、产研一体、引领创业的国家自主创新示范区，使之成为全国乃至亚太地区重要的科技创新中心。

——创新集聚：招院引所，整合浙江科技创新资源，汇聚国内外科研

机构、大学以及创新创业人才，成为国际国内一流的科技资源集聚区。

——产研协同：依托研发集聚优势，加快成果产业化，加强研发力量与产业的融合与协同，迅速发展与壮大新兴产业。

——高端发展：产业发展与城市建设突出环保、低碳、绿色、智慧等先进理念，发展知识密集型、资源环境友好型的高附加值产业，打造智能化、生态化、园林化的现代新型城市。

——引领示范：支撑引领、扩散带动浙江以及长三角经济社会发展，示范全国科技园区发展。

三、青山湖科技城建设阶段发展目标与控制指标

青山湖科技城规划面积 115.02 平方千米，其中居住用地共 1 318.95 公顷，研发用地共 713.93 公顷，横畈产业服务用地 61.87 公顷。根据青山湖科技城发展思路与定位，借鉴国内外科技城建设经验，居住用地人口密度采用 90～110 人/公顷，研究及研发服务用地人口密度采用 80～110 人/公顷，产业服务用地人口密度采用 60～80 人/公顷，青山湖科技城可容纳 21 万～28 万人。根据青山湖科技城的发展思路与高端定位，建议到 2020 年常住人口（包括流动人口）规模控制在 20 万人左右；研发机构每家约占地 40 亩，研发用地可入驻研发机构约 250 家；从事科技活动人员占从业人员总数为 2010 年国家高新技术产业开发区平均水平（18.7%）的 1.5 倍，达到 28%；每万名劳动力中 R&D 人员约为 2010 年国家高新技术产业开发区平均水平（61.0 人年/万人）的 1.5 倍，达到 100 人年/万人；工业用地占建设用地的比重低于 20%，研究、教育用地占建设用地的比重高于 20%；绿化覆盖率①为国家园林城区（50 万以下人口城市）平均水平（40%）的 1.5 倍，达到 60%。

按照科技城建设进度一般前快后慢的规律，2015 年预计达到建设目标的 60%，2020 年实现建设目标的 80%，2030 年实现建设目标的 100%，青山湖科技城近、中、远期目标分解如下。

2015 年，青山湖科技城基础设施建设基本完成，逐步整合浙江科技资源，形成产业体系和技术研发体系，支撑引领浙江产业转型和经济

① 绿化覆盖率是指绿化植物的垂直投影面积占城市总用地面积的比值

社会可持续发展。城区人口达15万人；培育先进装备制造、电子信息等2大新兴产业集群；引进产业研发机构150家，引进国家级研发平台（重点实验室、国家工程技术研究中心、国家工程实验室、国家认定企业技术中心等）6家，高新技术企业50家，高新技术产业增加值占工业增加值比重60%；科技城范围内全社会R&D经费占GDP的比重达到7%；每万名劳动力中R&D人员60人年；工业用地占建设用地的比重低于15%，研究、教育用地占建设用地的比重高于15%；绿化覆盖率超过70%。

2020年，青山湖科技城城市体系日臻完善，重点产业自主创新能力和辐射带动能力迅速提高，城市综合实力显著增强，引领浙江省和长三角地区经济转型与新兴产业发展。城区人口达20万人；培育先进装备制造、电子信息、新材料、新能源等4大新兴产业集群；入驻产业研发机构200家，引进国家级研发平台（重点实验室、国家工程技术研究中心、国家工程实验室、国家认定企业技术中心等）80家，高新技术企业80家，高新技术产业增加值占工业增加值比重60%；科技城范围内全社会R&D经费占GDP的比重达到7%；每万名劳动力中R&D人员80人年；工业用地占建设用地的比重低于20%，研究、教育用地占建设用地的比重高于20%；绿化覆盖率超过60%。

2030年，青山湖科技城建设成为国际先进国内一流的科技引领、经济低碳、城市智慧、生态优美的创新型城区和自主创新示范城市，示范全国科技园区发展，成为亚太地区重要的科技创新中心。城区人口达20万人；培育先进装备制造、电子信息、新材料、新能源等4大新兴产业集群；入驻产业研发机构250家，引进国家级研发平台（重点实验室、国家工程技术研究中心、国家工程实验室、国家认定企业技术中心等）10家，高新技术企业100家，高新技术产业增加值占工业增加值比重60%；科技城范围内全社会R&D经费占GDP的比重达到7%；每万名劳动力中R&D人员100人年；工业用地占建设用地的比重低于20%，研究、教育用地占建设用地的比重高于20%；绿化覆盖率超过60%（表2-2）。

表 2-2　青山湖科技城中长期发展与控制主要指标

项目		2015 目标值	2020 目标值	2030 目标值
科技创新	入驻产业研发机构（家）	150	200	250
	高新技术企业（家）	50	80	100
	R&D 强度（%）	7	7	7
	每万名从业人员中 R&D 人员数（人年）	60	80	100
	科技活动人员占从业人员比重（%）	≥17	≥23	≥28
城市建设	城区人口（万人）	15	20	20
	工业用地比重（%）	≤15	≤20	≤20
	研究、教育用地比重（%）	≥15	≥20	≥20
	绿化覆盖率（%）	≥70	≥60	≥60

四、青山湖科技城功能区建设

按照“因地制宜、适度集聚、分工协作、组团布局”的方针，以青山湖为中心，优化布局重点产业、科技创新基地以及城市基础设施，建设三大组团（科技创新组团、高新产业组团、宜居生活组团）、两大功能区（环湖休闲区、生态功能区），打造“一心三城四廊多园”城市空间格局，实现“研发集聚、人才荟萃、低地工业、山谷墅落、田园交错、曲径通达、鸟语花香”的城市功能①。

“一心”指环湖休闲居住区，通过整合青山湖环湖区域功能，提升青山湖域的生态宜居品质与综合环境质量，打造青山湖品质生活之心，成为青山湖科技城的名片。

“三城”指三大组团（科技创新组团、高新产业组团、宜居生活组团），组团为城，打造创新科技城、高新产业城和宜居生活城，通过空间与功能上的整合，三城之间实现研发—产业—服务的功能互动。

“四廊”为四条谷地，作为战略性储备地区，一部分为面向未来的世界级研发机构的集聚地，另一部分作为高品质的生活场所。

“多园”为多个森林公园和风景区，共同构成城市空间发展的生态背景。

---

① 科技城功能区建设主要是依据中国城市规划设计研究院上海分院编制的《青山湖科技城概念性规划及城市设计》（2010 年 6 月）提出

（一）科技创新组团

1. 创新集聚区

以科研院所集聚为依托，整合青山镇和开发区功能和空间布局，形成有机联系、以创新产业为支撑的国内领先、国际一流的科技城，可规划成“一区八园”的产业空间格局。“一区”指创新科技核心区，“八园”分别为高端装备研发区、新材料研发区、新能源研发区、综合研发区、人才培训区、高端装备研发预留区、产业拓展预留区和现代科技服务区，作为青山湖研发集聚、人才荟萃的空间载体。

高端装备研发区：设置在基地北部百家坞地区，与经开区和横畈两个制造园区交通相连，主要布局（西安交大）机电院等高端装备研发与产业化机构，未来引进约 15 家高端装备研发机构。

新材料研发园区：新材料研发区位于经六路以东、经十路以西、纬九路以南、纬十四路以北的区域，布局涉及相关领域的新材料研发的巨化、杭化、中化、长春应化所、地质大学、武汉理工大学等科研与产业化机构，形成全省新材料的研发基地，未来引进约 10 家新材料研发机构。

信息技术研发园：在高端装备研发区以北位置集聚信息技术研发机构，打造信息技术研发园区。

新能源研发园区：新能源研发区设置在大园路以东、纬九路以南地区，依托浙大和能源研究所合作打造新能源研究中心的契机，打造新能源研发区，未来引进约 10 家新能源研发机构。

科研院所综合区：以现有公共服务中心以及 10 多家科研院所为基础形成科研院所综合区，靠近转化中心和公共服务中心，有利于智力资源的集聚和效应发挥，未来引进约 10 家科研院所。

人才培训区：以杭电等高校为基础，形成人才资源的高密集输出区。

现代科技服务区：纬十七路以南、科技大道两侧及大园路两侧发展科技服务业，大力发展科技企业孵化器、风险投资等，为邻近现有科研院所的科研、产业研发提供科技成果转化等科技服务。

研发预留区：在人才培训区以西预留产业区块，作为未来研发预留区，增强研发用地的布局弹性。

2. 经济开发区

六园路以东、文一西路两侧的经济开发区，作为青山湖科技城以制造业为主导的产业功能的集中片区，应逐步进行产业功能的置换与迁移，作为科技密集型低碳产业发展用地，未来主要发展研发咨询服务业、软件与信息技术服务业、创意设计产业、总部经济等产业。

3. 生活居住区

经济开发区以西、文一西路以南，构建服务完善、环境宜人的高尚生活社区，不同的居住组团体现不同的空间发展特色，为科技城工作人员提供不同层次的多元化居住选择和完善的生活配套服务。

（二）高新产业组团

整合高虹、横畈镇区产业和空间，形成居住集聚发展、产业规划经营的组团城市格局，以横畈功能区为主体建设高新产业城，作为科技城高科技成果的产业化基地，作为青山湖科技城低地工业的主战场。横畈功能区规划为“五区”的产业空间格局：分别为高端装备制造产业园区、新能源、新材料产业园区、产业配套园区、横畈生活园区和发展预留园区。

高端装备制造产业园区：位于中苕溪东面和南面，新长西线两侧，以现已入驻的易辰孚特（铁牛集团）、涛涛集团、哈尔斯集团以及拟入驻的杭叉工业园等装备制造企业为依托，形成高端装备制造产业集聚区，产生规模效应。

新能源、新材料产业园区：位于高新装备制造产业园区西侧，新长西线南侧，新横线两侧，利用与高新装备制造产业园区、省科创基地核心区、锦北高新产业区交通便利的条件，大力推进新技术的转化孵化及应用，形成新能源、新材料产业集聚区。

产业配套园区：位于中苕溪北侧，高端装备制造产业园区以北，靠近中苕溪，景观资源良好，同时靠近产业功能区块，作为产业区的配套服务区，同时分担横畈生活区的居住压力。

横畈生活园区：位于横畈老城，中苕溪西侧，依托横畈老城的发展基础及中苕溪良好的景观资源，打造综合型的生活居住功能区。

发展预留园区：位于高端装备制造产业园区以南，大园路两侧，靠近高端装备制造产业园区和新能源、新材料产业园区，便于产业的延伸与拓展，规划为发展预留区。

（三）宜居生活组团

宜居生活区主要包括锦北高新园区和城东滨湖新区，锦北高新园重点发展新一代信息技术、软件服务外包、文化创意、总部和楼宇经济等产业；城东滨湖新区将打造成融商业办公、生活居住、休闲旅游等功能于一体的城市综合体。宜居生活区是临安滨湖城市功能的拓展区，是青山湖品质生活的服务走廊和现代滨湖城市风貌的集中展示区，通过滨湖现代服务区建设，推动临安由滨河城市向滨湖城市的空间跨越。

（四）环湖休闲区

依据湖区周边的土地用途、景观条件等用地要素，结合现状用地分布，环湖地区规划成三大功能区：①滨湖高尚低密度居住区。整理居住用地、绿化文一西路两侧、布置公共服务配套、引导高尚居住品质，形成北岸滨湖地区高尚低密度居住区；青山湖南岸设置公共开放公园、梳理居住用地，提升低密度居住品质。②环湖运动休闲区。依托湿地公园和主题体育公园，利用山谷地形，依托优越的生态环境，打造全球知名的康复医疗中心，包括生命康体、体育休闲、度假房产等功能，打造面向区域、生态型的生命科学谷和都市康体疗养胜地。③滨湖生态山林区。保护现状生态环境，以登山步道、休憩节点等创造山野生态休闲公园。

（五）生态功能区

利用四条谷地的山谷地形及其优越的自然资源禀赋条件，串谷塑廊，作为远期发展用地，结合未来科技城空间的外向拓展与功能提升，作为青山湖科技城创新功能拓展的战略性区域，面向未来的世界级研发产业，打造四个面向国际的世界一流创新研发区（研发创意谷）。

以科技城中的小山作为森林公园、体育公园等进行生态功能开发，以连绵山体作为城市生态景观背景以及自然风景区，建设科技城的生态功能区。

五、青山湖科技城建设的若干建议

（一）必须集聚科技资源打造科技创新高地

青山湖科技城应该通过招院引所等方式，打造一批本省有基础、能赶超国内（际）一流水平的科技领域研发机构，如大型空分设备等装备研发机构与平台等，建设一批支撑浙江省、杭州市重点产业发展的科研机构，如风力、太阳能发电等新能源领域的研发机构与平台，物联网、新材料、节能环保等产业研发机构与平台，先进制造（集成制造、柔性制造、精密制造、清洁生产、虚拟制造等模式）研发机构与平台等；建设一批科技城重点产业群的研发支撑机构等。

（二）产业体系必须遵循产研协同、高端定位、低碳环保的原则

青山湖科技城应该依据科研优势，按照产研协同的原则，重点发展知识密集型、资源节约型、环境友好型的引领性的、高附加值的、有科技基础的、便于运输的新兴产业（高新技术产业）高端环节，如物联网（传感器及应用等）、数控装备、自动化控制与电子元器件、数字多媒体与通信设备、光电产业、软件产业（电子信息服务业、信息化和工业化融合）、服务外包等电子信息产业；太阳能、风能、新型电池等企业总部及其企业技术中心、控制系统、系统集成与工程总承包等新能源产业；研发设计（工业设计、产品设计、建筑设计、咨询策划等）、文化艺术、数字媒体内容制作、网络游戏和动漫产业等创意产业；新材料产业企业总部与研发部门等。

（三）必须加强体制机制创新

以充分发展本地优势、解决关键问题为目标，在科技金融、土地出让、产研协同等方面开展体制机制创新，推动创新机制的先行先试。如突破金融体制，推动浙江民间资金与科技创新有机结合，以充分发挥浙江民间资金推动科技城发展；突破土地出机制，研究试行 10 年、20 年、30 年等不同时限土地出让，以保证科技城建设有序更新；创新科研成果商业化机制，通过市场机制把科研成果高效配置到转化过程，实现科技与产业的高度融合。

（四）必须大力发展高端城市服务体系

青山湖科技城应该大力发展无线全城覆盖、物联网等信息基础设施，打造智慧城市；建设双语学校等国际化教育文化基础设施，打造文化城市；开展充电式混合动力、纯电动、燃料电池、液化天然气（LNG）等

新能源汽车推广应用工作，在公交系统先行示范，配套建设快速充电站、蓄能电池更换站、LNG 加注站以及停车设施充电系统等服务网络，打造新能源交通体系；以学校、宾馆、工厂等公共建筑以及居民住宅为重点的太阳能热水系统、太阳能光伏照明体系等，建筑新能源水电气热供应体系，打造低碳城市。

（五）城市发展必须设立控制指标

城市人口必须控制在适度规模内，尽早防御大城市病；产业规模与层次要设有门槛，必须明确产业规模与层次的限制性指标；要建立准入与退出机制以及考核评价机制，保证科技城有序更替与升级；空间布局要留有余地，要严格控制工业用地，优先保证研发用地；绿化覆盖率等生态环境必须严格控制，保障科技城的生态环境质量。

第四章　青山湖科技城重点产业选择与产业群构建研究

一、产业发展思路和目标

青山湖科技城产业发展的主要功能是促进浙江省重大科技成果的产业化，与临安以及周边区域协同形成产业集群，带动浙江省传统产业的转型，引领新兴产业的发展。

产业发展要遵循“立足基础、创新引领、高端切入、梯次发展”的基本思路。立足基础指的是产业选择要立足于国家对杭州、浙江省对青山湖科技城的总体定位①，立足于浙江省以及长三角的科技创新和产业基础。创新引领指的是产业发展要以科技创新为核心，通过科技创新将青山湖科技城的产业发展、产业形态的形成与城市面貌塑造、山水环境保护等相结合。高端切入指的是青山湖科技城应聚焦高新技术产业中的科技研发，向制造转化的综合服务、创意与设计环节，适度发展知识密集型、资源环境友好型的高附加值制造环节，并与周边区域协同联动，形成研发—转化—制造的产业联动机制，逐步构筑高效、高端、绿色的产业体系。梯次发展指的是产业促进和布局要适度突出重点、预留空白，重点发展高端装备制造、新一代信息技术产业，积极培育新能源产业、新材料产业和生物产业，配套发展文化创意产业、健康与休闲旅游两大现代服务业，同时也积极关注产业技术创新最新动向，通过预留发展空间、设置进入与退出

---

① 在《长江三角洲地区区域规划》中，明确提出杭州要充分发挥科技优势和历史文化、山水旅游资源，建设高技术产业基地和国际重要的旅游休闲中心、全国文化创意中心、电子商务中心、区域性金融服务中心。同时规划在产业选择时，在现代服务业方面，杭州重点发展文化创意、旅游休闲、电子商务等服务业。在先进制造业方面，杭州为电子信息研发设计与生产中心，同时发展区域性轿车研发生产基地。在新兴产业方面，生物医药、新材料、新能源等领域杭州都定位为建设研发中心

机制等手段动态调整科技城产业结构。

产业发展目标："十二五"期间全力加快科技城各项建设，到2015年，重点规划区建设初步成型，高端装备制造、新一代信息技术、文化创意等核心产业发展初具规模，新能源、新材料、生物、健康与休闲旅游等产业培育取得较大突破，基础设施与配套服务功能基本完善，力争到2015年产业总收入突破100亿元，税收超过5亿元。

到2020年，青山湖科技城开发基本完成，产业总收入超过200亿元，实现税收10亿元以上。实现科技城产业体系的服务化，以科技城为核心形成若干创新能力强、产业层次高、辐射带动广的区域性产业集群，成为带动浙江省产业转型发展的重要引擎。

二、重点发展

（一）高端装备制造

1. *发展基础*

装备制造业是临安的支柱产业。2010年，全市规模以上装备制造业企业实现产值120亿元，占全市规模以上工业总产值的25%以上。临安已经成为中国一流的数控机床生产基地、电梯电机生产基地和叉车生产基地，是世界最大的空分设备制造基地。青山湖科技园已经拥有海洋二所、浙江西安交大研究院、省机电院、浙大可持续发展研究院、正泰、国电机械设计研究院等一批相关研究机构，已入驻或将入驻的企业有易辰孚特（铁牛集团）、涛涛集团、哈尔斯集团和杭叉集团。

2. *产业发展动向*

国家《十二五规划纲要》明确要求，装备制造业要提高基础工艺、基础材料、基础元器件研发和系统集成水平，加强重大技术成套装备研发和产业化，推动装备产品智能化。高端装备制造是"十二五"期间战略性新兴产业发展的重点之一，也是浙江省"十二五"规划工业现代化方面的重要内容。

从具体政策来看，以高档数控机床为代表的科技重大专项将继续发挥核心引领作用，国家发改委、工信部、科技部将安排绿色制造、智能制造、高端海洋工程装备等多个重点产业创新发展工程、应用示范工程、科技产业化工程，推进产业加快发展。浙江省出台《关于加快发展装备制造业的若干意见》《浙江省高端装备制造业发展规划》等一系列政策文件，实施重大技术装备自主创新能力提升工程等三大工程。

从产业自身趋势来看，装备制造业正全面实现信息化，并向智能化、绿色化、服务化发展，高端装备制造业的产业组成和形态正日新月异。

3. 发展策略

重点发展数控装备、海洋装备系统、大型空分设备、智能化工程机械、电气设备、新型节能环保装备等高端装备，推进绿色制造与智能制造等相关技术和装备研发，发展相应的研发设计、试验验证的服务体系。到2015年，力争实现产值超过30亿元，2020年产值超过60亿元。

打造临安装备制造业产业集群的科技支撑点。发挥科技城研发区科研院所集聚的优势，按照“高端、高效、高标准”的发展方向，引入国内外龙头企业和关键技术，采取产业链接、技术外溢和资本扩张等形式，加强产业配套协作，形成科技城为智力来源、以经济开发区为核心、积极向周边区域辐射的产业集群。

加强创新体系建设。依托浙江西安交大研究院、省机电院等科研机构，加强青山湖高端装备制造业创新体系建设，特别是与央企、军工企业的战略合作，参与国家科技重大专项等重大项目。

专栏4-1　智能制造和绿色制造

智能制造技术是在现代传感技术、网络技术、自动化技术、拟人化智能技术等先进技术的基础上，通过智能化的感知、人机交互、决策和执行技术，实现设计过程、制造过程和制造装备智能化，是信息技术和智能技术与装备制造过程技术的深度融合与集成。

绿色制造是一种在保证产品的功能、质量、成本的前提下，综合考虑环境影响和资源效率的现代制造模式，通过开展技术创新及系统优化，使产品在设计、制造、物流、使用、回收、拆解与再利用等全生命周期过程中，对环境影响最小、资源能源利用率最高、人体健康与社会危害最小，并使企业经济效益与社会效益协调优化。

（二）新一代信息技术

1. 发展基础

电子信息产业是杭州市的支柱产业，拥有雄厚的产业和创新基础。临安市已经拥有一批信息技术产业方面的知名企业，临安市玲珑工业区已经被认定为杭州信息产业国家高技术产业基地拓展区。浙江国际生态软件园即将在青山湖科技城的锦北高新园区入驻。

2. 产业发展动向

2009 年出台的《电子信息产业调整和振兴规划》指出要围绕九大重点领域重点发展。“十二五”期间，新一代信息技术产业成为战略性新兴产业七大重点领域之一，国家将重点发展下一代信息网络、电子信息核心基础产业和新兴信息服务业三大领域，浙江省将物联网产业列为“十二五”九大战略性新兴产业之一。

从具体政策看，国家将继续组织实施电子信息领域 3 个科技重大专项，实施高性能集成电路、物联网研发及产业化示范工程、云计算服务等重大产业创新工程和应用示范工程，科技部也安排了新型显示、国家宽带网、云计算等科技产业化工程，着力发展集成电路、智慧城市、智慧工业、地理信息、软件信息服务等相关技术。

从产业自身趋势看，生产规模化和设计的个性化并存，技术创新和产业发展的一体化和融合化十分明显。随着信息技术和互联网的快速发展，信息技术网络化、服务化、平台化趋势更加明显。云计算、物联网、智慧地球为代表的新模式、新业态、新概念不断推出。

3. 发展策略

重点发展离岸软件与信息技术服务、物联网、移动互联网、云计算、汽车电子、信息安全、集成电路芯片设计、数字多媒体与通信设备、智能终端等关键技术研发与应用，构建三网融合、和谐共赢的信息产业生态链。到 2015 年，力争实现产值超过 20 亿元，2020 年产值超过 40 亿元。

建设以锦北高新园区、国际生态软件园等为代表的各类电子信息产业集聚区。加强区域产业协作配套能力和分工体系建设，整合省内相关产业，打造通信、计算机及网络、数字音视频等产业集群，建设杭州电子信息产业新中心。

专栏 4-2　云计算

云计算（Cloud Computing，台湾译作云端运算），是一种动态的、易扩展的且通常是通过互联网提供虚拟化的资源计算方式。狭义云计算是指 IT 基础设施的交付和使用模式，指通过网络以按需、易扩展的方式获得所需的资源（硬件、平台、软件）。提供资源的网络被称为“云”。

云计算的基本原理是，通过使计算分布在大量的分布式计算机上，而非本地计算机或远程服务器中，企业数据中心的运行将更与互联网相似。这使得企业能够将资源切换到需要的应用上，根据需求访问计算机和存储系统。

云计算具有如下特征：快速部署资源或获得服务、按需扩展和使用、按使用量付费、通过互联网提供。云计算可以提供基于互联网的海量计算服务，不仅可以作为软件服务的平台，也可以作为存储空间的提供者，还可以作为信息和商业处理的平台，由此带来信息技术商业模式的多样化。围绕云计算所衍生的相关服务——云服务近年来也相继涌现，如防病毒厂商利用云服务来处理与计算机病毒相关的信息，并为客户提供病毒库下载升级服务。未来，随着各类厂商对云计算愈加关注，围绕云计算所衍生的相关服务将会大量涌现，并将成为信息技术服务领域的一大亮点。

建设高标准的下一代信息基础设施和服务平台。高起点建设下一代信息网络基础设施，重点实施移动高速互联网、IP 城域网优化等工程，打造具有国际竞争力的城市信息基础设施和信息服务能力，加快服务平台建设。

发展物联网、移动互联等新型业态。推动青山湖科技城“三网融合”的试点示范，充分利用杭州物联网产业的先发优势，发展高端传感器、核心芯片、关键设备、仪器仪表、智能通信与控制等技术研发，构建物联网研发、网络信息服务及系统集成等组成的产业体系，推进物联网技术在智能社区、智能园区的重大示范应用。积极发展移动终端浏览器、移动搜索引擎、移动操作系统、移动计算平台以及基于移动互联网的创新服务业务，发展移动互联网产业。

专栏 4-3　物联网

物联网（Internet of Things）是指在物理世界的实体中部署具有一定感知能力、计算能力、存储能力、执行能力、应变能力的嵌入式芯片和软件，使之成为“智能对象”，并通过泛在网络基础设施实行“智能物体”之间及其与人之间的互联，从而支持人类对物理世界实时便捷的管理与控制，实现人类对生产生活方式的精细动态管理与调度，提高资源利用率和生产力水平，改善人与自然之间的关系。

物联网是一个集成创新和应用的新领域，其核心任务是 ICT 技术在行业的综合应用。物联网所涉及的核心技术包括新一代智能传感器与执行器技术、嵌入式芯片与软件、RFID 联网技术、短距无线通信技术；能够满足海量物体的低成本、低能耗、异构兼容、快速互联需求，实现物体标识统一高效灵活管理与分配的组网技术（如 IPSO 技术），云计算及其互联网资源虚拟化技术等。

三、积极培育

（一）新能源产业

1. 发展基础

“十一五”期间临安市太阳能光伏产业出现良好发展势头，带动新能源产业规模显著提高。目前青山湖科技城已经吸引国电能源、浙江省能源研究所、浙江大学等研究机构落户，具备一定创新基础。

2. 产业发展动向

在未来很长一段时间内，我国都面临着能源结构调整的问题。《国务院关于加快培育和发展战略性新兴产业的决定》明确提出，到 2020 年，新能源产业成为国民经济的先导产业。新能源产业也是浙江省九大战略性新兴产业之一。

从具体政策看，我国已经颁布了一系列政策法规促进新能源产业的发展，可再生能源电力全额收购、可再生能源消费比例目标等配套措施也进一步得到落实，“十二五”期间国家将从风能、太阳能、核能等各个方面组织众多产业创新发展工程和应用示范工程，进一步推动核电科技重大专项的实施。浙江省也制订新能源推广应用行动计划、实施重大项目来推进新能源产业的发展。

从产业自身发展趋势看，风能、太阳能和生物质能发展最快。虽然技术路线还不确定，但新能源发电的成本已经日渐逼近传统能源，风电最为接近，太阳能、生物质能、地热能等其他新能源发电成本也已接近或达到大规模商业生产的要求。

3. 发展策略

重点发展海上风电、太阳能、潮汐能、智能电网等新能源产业高端环节。着力引入太阳能、风能、海洋能等领域的研发机构，企业总部和技术中心，系统集成与工程总承包部门，提升新能源企业的研发、设计、工程服务和系统集成能力，推动建设新能源产业研发基地，成为国家新能源产业高端环节集聚地。到 2015 年，力争实现产值超过 10 亿元，2020 年产值超过 20 亿元。

发展多种技术路线。开展风电整机、变频控制系统、并网控制系统等关键技术和产品研发，同时推进太阳能和风能混合发电系统的开发及应用。太阳能重点发展新型薄膜电池、大型并网逆变器、大容量高效储能电池等设备的技术研发，同时积极发展中高温太阳能集热器、太阳能光热发电等技术及产品，提升整体系统以及聚光系统、传热系统、储热系统的设计、工程建设、运行维护能力。

（二）新材料产业

1. 发展基础

杭州市新材料产业基础雄厚，基本覆盖新材料产业所有领域，拥有新材料相关的硅材料国家重点实验室、现代光学仪器国家重点实验室、化学工程联合国家重点实验室、绿色化学合成技术国家重点实验室 4 个国家点实验室，拥有浙江加州国际纳米技术研究院及相关的多个国际研究台。临安在电子信息材料、复合装饰材料、绿色照明材料等方面具有一定基础，目前在青山湖拟选址的新材料企业或科研机构有巨化、杭化、中化、长春应化所、地质大学、武汉理工大学等，发展潜力巨大。

2. 产业发展动向

新材料产业是国家以及浙江省确定的战略性新兴产业之一。当前重点发展的新材料产业主要涉及电子信息材料、半导体照明材料、纳米材料、高性能结构材料、新能源材料、生物医药材料、先进超导材料等。

从具体政策看，国家将重大实施关键材料升级工程、重点材料换代应用示范工程等重大项目，浙江省在“十二五”期间明确了六大领域19类重点新材料作为重点支持对象，并制定了一揽子保障措施。

从产业自身趋势看，新材料技术向复合化、智能化、集成化发展；新材料的研发和生产已高度融合，已经形成全寿命周期模式下的新材料设计、制造和评价一体化的创新模式；材料产业作为基础产业，其研制过程开始更注重低成本、可循环、短流程、环境友好的低碳效应。

3. 发展策略

重点发展电子信息材料、新能源和节能环保材料、纳米材料、高性能纤维和复合材料、有机硅材料、生物医用材料，开展现代材料设计、评价、表征与规模制备加工技术研发，加快重大科技成果落地转化及产业化。到2015年，力争实现产值超过20亿元，2020年产值超过30亿元。

建设全国新材料技术创新和辐射中心。依托长春应化所、浙江大学、中化等科研机构和企业，引进省内外优势科研机构、新材料企业总部与研发总部，探索青山湖新材料产业辐射发展的新模式，推动新材料技术的产业化。

专栏4-4　生物医用材料

生物医用材料是用于诊断、治疗、修复或替换病损组织、器官或增进功能的天然或人造高技术新材料。生物医用材料迅猛发展的主要动力来自人口老龄化、中青年创伤的增多、疑难疾病患者的增加和高新技术的发展，尽管全球医学材料应用已达90多个品种、1 800余种商品，但生物医用仿生材料和人工器官设计与制造仍有较多关键技术亟待突破，其材料生物相容性研究将是一个恒久的主题。

（三）生物产业

1. 发展基础

临安市生物产业具有较好的发展基础，中国生物医药产业孵化基地落户临安。青山湖科技城拥有浙江省医学科学院等科研机构，并积极开展国际合作，共建生物技术研究院。

2. 产业发展动向

生物产业作为国家战略性新兴产业重点领域之一，正成为继信息产业之后又一前景广阔的高技术产业。国家将从生物医药、生物农业、生物能源、生物制造、生物服务等领域重点发展生物产业。

从具体政策看，国家颁布了《“十二五”生物产业发展规划》，组织生物医药、生物育种、生物医用材料、医疗器械、生物制造等重大产业创新工程和科技产业化工程，并继续实施重大新药创制、转基因生物新品种、重大传染病防治等科技重大专项。浙江省颁布《浙江省生物产业发展规划》，组织实施新药创制、中药现代化、大型医疗器械等十大重点突破工程，并颁布了财政、土地、产品准入等一系列政策。

从产业自身趋势看，生物技术领域是目前世界科技发展最快的领域之一，以基因工程、细胞工程、酶工程等为代表的新概念、新技术、新产业不断涌现；基因组学、结构生物信息学、功能生物信息学和蛋白质组信息学等已成为基因疾病的诊断、动植物优良选种、药物研究与开发等方面的重要手段；生物技术和工程技术相结合，促使基础研究走向应用研究现象明显，生物芯片、转基因技术、干细胞、组织工程等已开始了实际应用阶段；生物医药产业进一步集群化、集中化，战略性技术同盟、外包已成为技术创新和产业发展的成功模式。

3. 发展策略

重点发展生物医药产业和生物技术服务业。整合全省优势科研、产业及医疗资源，推进基因工程药物、蛋白质药物、新型疫苗及诊断试剂、现代中药、医疗器械的研发和产业化；大力发展生物技术服务业，加快生物技术在农业、工业、环保等领域的规模化应用。到 2015 年，力争实现产值超过 5 亿元，2020 年产值超过 15 亿元。

建设生物技术产业创新密集区。充分利用区域医药生产门类齐全的优势，以青山湖科技城为核心加快建设中国生物医药产业孵化基地，打造集研发、生产、销售及信息服务为一体的产业链，在临安形成自主创新能力较强、具备一定国际竞争力的生物医药产业创新密集区，支撑和引领浙江生物产业发展壮大。

四、配套发展

（一）文化创意产业

1. 发展基础

临安初步形成了“一园一城一街一区”的文化创意产业发展的新格局，拥有浙江昌化国石文化创意集聚区，以动漫创意、英语教育、健康养生、休闲度假为主的“太湖源动漫文化创意产业园”，集“国宝”鸡血石观赏、鉴定、拍卖、赌石、雕刻、交易为一体的燕东园鸡血石文化街。

2. 产业发展动向

自《文化产业振兴规划》出台以来，文化产业上升至国家战略性产业地位，各部门从国家战略部署的高度针对文化产业出台了一系列配套政策，文化创意产业也是浙江省“十二五”重点发展产业。

从具体政策看，“十二五”期间国家将推动文化产业倍增计划的完成，进一步搭建五个平台。2011 年 10 月，党中央进一步颁布了《中共中央关于深化文化体制改革推动社会主义文化大发展大繁荣若干重大问题的决定》第一次提到扩大文化消费，并着重提出加大财政、税收等方面对文化产业的政策扶持力度，对文化内容创意生产经营实行税收优惠。浙江省从投资进入、财政扶持、金融支持等方面制定了详细的政策。

从产业自身趋势看，文化创意产业的融合发展趋势非常明显，电视图书馆、电视互联网、电视报刊、电视剧场以及手机电视、手机电影、手机报刊、手机图书等新业态的出现使文化创意产业的界限越来越模糊。同时，文化创意产业与科技的结合不断催生出产业新业态、传播新渠道，文化创意产业和旅游、房地产业、制造业的结合也已成为一大趋势。

3. 发展策略

建设青山湖国际创意园，以创意载体推动产业发展。利用青山湖独特的环境优势，重点发展创意设计（工业设计、广告设计、建筑设计、品牌和形象设计等），咨询策划，数字媒体内容制作与展示，动漫产业等产业。到 2015 年，力争实现产业总收入超过 5 亿元，2020 年产业总收入超过 10 亿元。

推动总部经济、旅游地产等新业态的发展。充分利用临安“一园一城一街一区”的产业基础，推动总部经济和楼宇经济的发展，带动高端工业地产、旅游地产的发展，建设成为宜居宜业的文化创意产业示范区。

（二）健康与休闲旅游

1. 发展基础

青山湖拥有国家级森林公园，水体10平方千米，风景优美。青山湖科技城位于以杭州—千岛湖—黄山为主的名山名水旅游带上，产业发展具有特殊优势。

2. 产业发展动向

随着我国经济发展水平的提高，人口结构的不断变化，健康与休闲旅游产业的发展潜力非常巨大。同时，产业具有产业链长、涉及领域广等特点，对上下游产业具有非常强的带动效应。

从具体政策看，国家“十二五”规划纲要明确提出要“积极发展旅游业”，国家旅游局制定了《中国旅游业“十二五”发展规划纲要》。

从产业自身发展趋势看，我国旅游业发展的交通、公共服务体系不断完善，以信息技术为代表的科技进步及现代商业模式创新为旅游业发展增添了活力，世界旅游业的重心东移为我国旅游业创造了更好的条件。

3. 发展策略

重点发展生态旅游、创意产业旅游、旅游工艺品设计开发和生产、健康休闲等产业。创新旅游发展模式，建设旅游会展中心，同时整合周边区域酒店、会展、购物与娱乐设施，成为上海—杭州—黄山世界级黄金旅游线的重要品牌景区。到2015年，力争实现产业总收入超过5亿元，2020年产业总收入超过10亿元。

积极发展健康服务业。引进并利用优质医疗资源，建设国际健康保健休闲中心，发展医疗、康复、养老等服务业。

以科技创新推动旅游业与房地产业的结合。在严格保护生态环境的前提下，选择一定区域打造智能化生态社区，积极开发生态旅游景观地产，集成利用新能源、绿色照明、生态建筑、建筑节能、新一代通信、资源循环利用、生态环境保护、绿色制造等技术。

第五章　青山湖科技城创新基地建设研究

青山湖科技城位于临安市，距离杭州中心区 31 千米，到萧山机场约 60 分钟车程；濒临由中组部、国资委牵头组建的杭州未来科技城——浙江海外高层次人才创新园（简称海创园），地理位置优越。

一、创新基地建设的主要需求

（一）服务地方民营经济升级发展的需要

浙江省历来是民营经济发展最为活跃的地区。2011 年，中国民营企业 500 强中浙江民营企业占据了 144 席，连续 13 年居全国省区首位。但是，近年来，随着资源约束加剧，以及国内外经济形势日趋复杂，浙江省民营经济面临缺技术、缺资金、盈利难等挑战，亟需来自多方面的扶持，尤其是在成果转化和技术服务方面。青山湖作为浙江省大力支持建设的创新基地，理应担负起支撑浙江省民营经济、尤其是广大中小民营企业发展的重任，成为其技术成果的供给地、技术信息的来源地、产业升级的保障地。

（二）服务已入驻高校和科研机构提升发展的需要

浙江省的科技资源保有量处于全国的中上水平，区内有浙江大学等数所高等院校、数十家省属科研机构和一批面向产业化服务的技术创新服务平台。目前，浙江大学的 3 个学院，以及省环境保护设计研究院、省丝绸科学研究院、省交通科学研究所等 20 余家省属科研机构已入驻青山湖创新基地，这为青山湖创新基地的发展奠定了基础。利用好这些创新资源，发挥其对产业升级的推动作用和对大项目落地的支持作用，是对科技城创新基地建设的明确需求。这将有利于聚集更多的技术创新服务平台等创新资源，使科技创新基地成为重要的创新资源集聚区。

（三）发挥好生态资源优势的需要

青山湖具有湖水碧波荡漾、湖岸群山环抱、林水相依景色秀丽的资源特征。其中公山、母山紧抱大坝，隔湖相望。山上松涛阵阵，修竹林立。湖面青波萦回，鱼儿欢跃，水鸟飞流。从国内外科技城的建设经验来看，良好的生态环境已经成为是科学园/城选址布局、规划建设的首要考虑因素，并已经成为科学城（园区）建设的重要基础和核心所在。同时，高品质的生态环境一方面可以吸引高科技人才工作和居住，另一方面有利于激发研发人员的创新思维。这些生态资源优势，有利于聚集高水平创新人才和各类国家级"大师"，形成理念先进的科技城创新基地。

（四）充分利用好周边科技资源的需要

在全国进入创新发展阶段的背景下，科技城和高科技园区建设已成为长三角各大城市推动产业结构转型与升级的主要载体，相继涌现出一批具有重要影响的科技城（表 5-1）。同时，近年来，杭州市政府扶持建设了一批重大创新载体和创新平台，其中，公共创新服务平台 13 个，涉及信息、医药、服装、金属、机械、生物、软件等 10 多个领域。截至 2010 年年底，建成市级以上企业高新技术研发中心 430 家，市级以上企业技术中心 501 家，其中国家级 18 家，省级 136 家。建成 25 家特色城镇工业功能区行业技术研究开发中心。以杭州市企业牵头的省级产业产业技术创新联盟 4 家，建成国家级孵化器 7 家、省级孵化器 17 家、市级孵化器 44 家，市级以上孵化器累计达 126.7 万平方米，在孵科技企业达 2 184家。统筹利用好这些资源，使之成为服务浙江省创新能力提升的重要力量，对青山湖科技城创新基地的建设提出了较高的需求。

表 5-1　长三角科技城概况

序号	科技城名称	规划定位
1	钱江科技城	国际化创新创业基地，国内新兴主导产业品牌园区，和谐宜居品质新城
2	滨江科技城	以高新科技产业为骨干、集商务、教育、旅游、居住、商贸、研发功能为一体的高科技、多功能、园林化的科技城
3	嘉兴科技城	国际性科技合作交流基地、长三角区域技术发动机、环杭州湾高新技术产业示范基地

（续表）

序号	科技城名称	规划定位
4	宁波科技城	长江三角洲地区重要的科技创新基地和高新技术产业基地
5	上海张江高科技园	国内重要的技术创新和科技成果转化、产业化的示范基地；产学研结合综合改革的先试先行基地；创新型人才、研发机构和高新技术企业的集聚与辐射基地；与市场经济和知识经济发展相适应的科技服务基地
6	苏州科技城	全国一流的具有苏州特色的综合性科技城、山水科技城和科技文化城
7	新加坡南京生态科技城	“国内领先、国际一流”的集产业、文化和居住融为一体，生产、生活与生态统筹协调，经济社会可持续发展，生态环境优越的现代化新城区

二、创新基地的主要作用及功能

（一）主要作用

1. 提升区域科技自身发展能力

浙江省正在实施两创战略，要求科技不仅应具备支撑引领经济社会发展的能力，而且应具备较强的自身发展能力。对于后者，创新基地的重要作用主要体现在夯实科技基础方面。首先，创新基地是创新体系的重要组成部分，是重点建设的科研基地体系，具有较为完备的、高水平科研基础条件。不仅能为基地的发展提供强有力支撑，而且能带动区域科研基础条件水平的提升。

其次，创新基地聚集了一批优秀的创新人才、尤其是科研领军人才，具有较强的科研能力，将形成较为完整的科研布局，对完善区域科研体系有较强的支撑作用。

最后，创新基地是以各类科研机构和技术创新服务平台为补充建立的多层次创新基地体系，将建立有利于合作研发的运行管理机制，具有较强的技术扩散能力，在统筹利用创新资源、完善科研环境等方面贡献较大。

2. 支撑引领区域经济发展“上水平”

国际金融危机后，转变发展方式、促进国民经济发展“上水平”，已成为我国政府的重要工作之一。青山湖科技城所在区域经济区位优越，位于申苏浙皖四省的中心地区，是上海和浙江对安徽及西部实施产业梯度转移的重要环节，是长三角经济圈向中部经济圈，尤其是向浙西、安徽辐射的桥头堡。同时，青山湖科技城位于沪杭与杭甬交点。从两条轴线的发展态势来看，沪杭轴线由于岸线的原因，集中了大量的传统重工业，而杭甬轴线当前则有以宁波杭州湾新区、杭州大江东新城为代表的新兴产业的集聚，因此青山湖科技城的区位对于服务传统产业，推动产业升级均有良好的带动效应。

在此方面，创新基地的作用体现在：首先，创新基地是区域科技实力的重要代表，具有突破国民经济发展瓶颈技术和重点完成区域发展任务的能力，能提升产业的整体技术水平，为我国经济实现自主发展提供支撑。

其次，创新基地汇集了大量优势科技资源，具有较强的创新能力，是重大创新成果的主要源发地；具有较强的科研基础条件资源，通过开放服务，将有效满足区内企业对科研仪器等的需求；具有较强的技术辐射扩散能力，通过研发合作与技术交流，将满足企业对高新技术的需求；具有较强的创新人才优势，通过与企业的交流合作，将为国内企业培养大量优秀的创新人才。

（二）主要功能

1. 聚集人才，发展人才，培养人才的功能

聚集创新人才是创新基地建设的重要内容之一。但是建设初期对人才的吸引并不等于能留住人才。据对我国部分省市、行业科研基地的调研表明，人才尤其是领军型人才是科研基地发展的最重要因素，吸引留住人才的关键是如何实现人才在科研基地中的发展。国家重大创新基地要能代表我国科研实力，必须通过完善人才考评、人才流动、人才培训等机制，建立有利于科研人员工作的环境，下大力气抓创新人才的吸引、培养与发展工作。建成后的创新基地应具有较为完善的发展人才、培养人才的功能，进而具有不断地吸引优秀人才来基地工作的功能。

2. 汇聚创新思想，凝练提出、研发突破重大任务的功能

完成区域重大任务、保障区域经济发展目标的顺利实现是提出创新基地规划命题的重要目标之一。据调研，争取获得国家重大任务支持是几乎所有受调查科研基地的努力方向，但在对国家和区域重大任务形成的认识方面，不同科研基地的看法不尽相同，一些科研实力较强的基地已经具备了提出重大任务研究方向的能力，而有些基地则仍然依靠政府明确任务。

可以说，是否具有凝练提出重大任务的能力是衡量科研基地创新能力的重要方面。建成后的创新基地应具有汇聚创新思想，进而凝练提出重大任务的功能，同时，还应部分具备完成重大任务科研攻关的能力。

3. 集中高水平科研基础条件设施，提供开放科研服务的功能

拥有高水平的科研基础条件是创新基地发展的基础。据调研，现阶段，在科研基础条件建设方面，存在着高端设备投入不足、低端设备利用效率不高等问题，急需集中投入和提高水平。创新基地作为地方政府高投入支持的重点，是提升区域科研基础条件水平和提高科研基础条件利用效率的排头兵。一方面，应利用对现有高水平科研基础条件的整合和新增购置、自行研发，其科研基础条件资源站在长三角前沿；另一方面，应建立科研基础条件资源共享机制和对外提供开放科研服务的机制，满足周边乃至国内对高水平科研基础条件的需求，提升利用效率，避免重复投入。这是创新基地建设应具有的重要基本功能之一。

三、布局思路及建设模式

（一）创新基地的建设类型

对青山湖科技城资源情况及主要需求的分析表明，青山湖地区拥有的科技资源主要集中在应用技术和产业化技术方面，而且，为满足对区域发展的支撑作用，依托科技城创新基地开展技术创新服务是必然的选择。为此，创新基地的类型主要包括：以产业化开发为主的研发类基地和以成果转化为主的创新服务类基地两类。前者主要指直接从事应用技术和产业技术开发活动的基地，如工程中心、工程实验室、科研成果中试及再开发平台等。后者主要指从事与技术创新直接相关的成果转化与信息发布类的基地，如生产力促进中心、企业孵化器、技术创新信息发布平台和技术转移中心，以及技术评估服务、知识产权服务、法律（财务）服务等科技中介服务等。

（二）建设模式

为突出产业化服务和创新服务特征，科技城创新基地应在现有已迁入的省内科研机构的基础上，加大政府对公共科研基础条件设施的集中投

入，提升创新基地内的科研基础条件设施水平；同时，考虑到民营经济总量大的特征，围绕高端制造业等产业发展需求，建立创新基地与企业的多角度合作，利用市场化的途径多方吸引资金投入建设；加强与研发服务业的协同发展，逐渐打造较为完善的研发、中试、企业孵化等服务体系，集聚国内外一流的研发机构和大企业研发中心；发挥生态环境优势，利用学术年会等学术交流机会，打造会展经济，汇集国内外各类尖端人才共谋发展。

建好科技城创新基地的关键是利用和集成好周边尤其是浙江省的创新资源。在这方面，科技城创新基地可以通过高标准的硬件设施和软环境建设，吸引创新人才来短期交流和合作研发；可以通过承办大型学术会议和国际研讨会等形式，加强对外宣传，并将著名学者请到青山湖与本地需求方进行对接；可以通过网络环境的优化，与周边园区建立成果及创新资源信息的共享和联合发布机制，使本地需求能动态了解相关资源信息。

（三）布局思路及建设重点

围绕将青山湖科技城打造成国际先进国内一流的科技资源集聚区、技术创新源头区、高新企业孵化区，立足长三角发展战略机遇，以省内科研院所转移建设为契机，以汇集高端人才为导向，利用自然资源禀赋和区位创新优势，坚持“4+2+1”总体布局思路，重点加强4个产业创新基地群建设，加强集智平台和综合性创新服务平台建设，建立健全科技资源共享机制，搭建创新服务优质资源网络，强化政府引导和重点投入，完善科研基础条件和创新生态环境，大力提升相关省内科研院所的创新能力，增强支撑产业发展和技术创新的服务能力，逐步成为“国内学术会议召开的首选地，浙江乃至长三角科技创新的支撑地，相关产业发展的技术源头和研发服务地”。

“4个产业创新基地群”。围绕高端装备制造、新一代信息技术、新能源、新材料等重点产业需求，重点投入一批公共科研基础条件设施，引进、建设若干个国家工程技术研究中心和国家重点实验室，打造4大国内领先的产业技术研发与新兴产业培育基地群。强化已入驻科研院所以及相关研发机构的研发能力建设，吸引、集聚国内外一流科研机构和大企业研发中心，推动技术研究机构整合关联研发平台与企业，完善应用开发、技术集成中试、技术转移与孵化功能，迅速提升科技城引领产业高端创新发展的能力。

“2 个建设”，建设集智平台和综合性创新服务平台。集智平台。加强有利于开展科研团队短期学术交流和召开全球性学术会议相适应的国际化公共科研服务机构和综合性会展中心建设，配套完善相关国际一流科技基础条件设施，以及国际化住宿、休闲、娱乐和疗养等设施，建立国际人才引进和短期交流的相关保障、服务和共享机制，大力建设与生态相融合的“大师”创新工作室。综合性创新服务平台。引进或建设技术转移机构、专利服务机构、创业孵化机构等专业化创新服务组织，建立具有技术转移、创业孵化、科技评估、中试检测、创新管理咨询等综合性创新服务功能的科技城创新服务中心，作为科技城公共科技创新服务平台的核心载体。科技城创新服务中心建设由政府资助、市场运行，是以公共科技创新服务为主要任务的非营利性机构。

“1 个网络”。与未来科技城建立技术转移与创业孵化战略联盟，与省内外主要技术转移与创业孵化机构建立创业服务合作机制，与上海、长三角等区域技术转移联盟建立合作机制；建设科技城科技创新服务网站和各类科技专家库、研究机构和企业信息库、项目库和成果库等数据库，与省知识产权（专利）和技术标准信息服务平台建立信息共享机制。

（四）建设原则

科技城创新基地拟采取“机制前行，同时启动，重点完善”的建设原则，即提前建立健全科技资源共享机制，随后同时启动四大平台和创新（服务）中心的硬件建设，根据产业发展和人才引进等需求重点完善提升使用相关硬件的环境、软件设施和相关制度安排等。这样建设有几个优点：一是共享机制的早期介入，有助于提升政府投入公共设备的使用效率；二是同期启动各项硬件设施建设，有助于统筹兼顾、避免重复；三是逐渐重点完善相关软件和软环境，有利于针对需求，更好的发挥硬件的作用。

在硬件建设方面，面向技术开发、成果中试、技术转移和科技创业，由政府投入建设一批共享利用的科研仪器及检测装置等科研基础条件设施；面向集智，吸引民间资本参股建立可供会展、会议、休闲度假等需要的基础设施。在软件方面，提供高速互联网接入，建成能支撑新成果发布、信息沟通和业务合作交流等综合网络服务终端。

其中2012年，初步建成共享机制，开始研发类相关硬件、会展、休闲类相关硬件、科研成果中试平台、技术转移服务平台、科技创业服务平台、集智平台、科技城创新中心等相关基础设施建设；2013年开始软件、软环境等配套；到2014年，研发类相关硬件、会展、休闲类相关硬件、科研成果中试平台、技术转移服务平台、科技创业服务平台基本建成；2015年，集智平台、科技城创新中心基本完成。

四、国外创新基地的创新服务情况

高技术企业的健康发展需要完备的服务体系，这不仅要求高质量的基础设施、优良的生活环境做支撑，更需要良好的管理服务环境。因此，科技园区不仅要对科技工业园区的基础设施进行规划和建设，对软件基础设施，包括园区运行机制、支撑服务体系等也应该高度重视，以形成高品位的符合高新技术产业发展需要的生产、生活环境和与市场经济、国际惯例接轨的运作环境。

（一）完善的硬件服务体系

1. 高质量的基础设施

在即将来临的知识经济时代，全球化竞争的挑战使信息的重要性得以凸现。对于高科技公司，及时、准确地拥有足够获取有用信息和技术的途径，已经在一定程度上决定了其是否有足够的能力改进现有产品和服务，并不断创新，在竞争中立于不败之地。信息高速公路、Internet技术的飞速发展使得高质量的基础设施尤其是通信设施尤为重要。

2. 生活环境服务

“科学以人为本”。优良的生活环境对于科技园区的发展也起着重要的作用。新加坡科学园的邻近地区有两个大型的社交区，社交区内有许多异国情调和本土风情的小酒吧和旅店，为工作和生活在科学园区的人们提供了舒适宜人的生活环境。科学园的附近就是新加坡有名的风景区，科学园距离商业中心只有几分钟的车程，旁边有非常发达和便捷的高速公路网，直接通往机场和火车站。

（二）完备的软件服务体系

新加坡科学园为园内公司提供5项服务：一是IT支持与维护服务。

为了帮助园内公司减少在IT上的管理开支，科学园指定了两个IT服务商以低于市价20%提供IT支持与维护服务，公司因此可以不需要支付雇佣专职IT技术和管理人员的大量费用。二是提供风险基金。科学园下设名为VertexManagement Pte Ltd. 的公司管理风险基金。此公司对被投资的公司提供关于经营战略和市场计划的建议，同时联系海外市场，提供商业机会，当然也提供风险基金。三是管理咨询服务。科学园设立了管理咨询中心，负责向高科技公司提供完备的综合服务，以满足其经营和管理的需要。其中包括：管理咨询、税务咨询、会计和审计服务、人力资源管理支持、公司秘书服务。对于新成立的公司，还可以提供开发新产品所需要的产品、市场和销售渠道的战略，以及吸引和鉴别各种基金的服务。四是会计和财务管理服务。科学园成立了名为PTMC OutsourcingPte Ltd. 的会计与财务管理公司。PTMC公司利用网络来协助科学园各公司处理会计和财务报表。它还为各公司设置了若干的警戒线，一旦各公司的会计和财务状况达到了警戒线就会自动报警，防止意外发生。PTMC的出现使得各公司不需要投入大量资金来建立自动会计和财务系统，开支会计和财务人员的薪金等，从而避免了重复浪费，充分利用了高科技所提供的完备的会计和财务服务。五是法律服务。科学园内有TRC律师事务所，主要提供知识产权法例如专利、商标法的咨询，同时也提供诸如成立公司、技术合同等法律服务。

美国大学城科学中心为中心内软件公司专门成立了非营利性的应用发展中心（ADC）。ADC提供以下各项服务：一是提供专家咨询，ADC建立了一个软件技术和商业管理的专家网，这些专家为各公司提供技术和商业咨询。同时，各公司还可以和一个由软件公司、会计、法律、金融和市场方面的领导者组成的委员会讨论经营过程中出现的各种困难。二是管理人员研讨会。每年的9月到第二年的6月，ADC每月都举行由各公司管理层人员参加的研讨会，由那些取得成功经验又愿意让人分享的企业家针对希望解决特定问题的管理人员提出的问题进行解答。这些问题包括市场、金融、法律、销售、技术等一系列内容。三是合伙人会议。当企业发展到一定阶段的时候，很多企业都希望寻找合适的合伙人或者战略伙伴，ADC每年举行的合伙人会议为寻找合伙人的公司提供机遇，ADC还向那些对新的软件技术发展有兴趣和寻求软件技术支持的大企业家定期提供中心内企业的信息。四是提供高级会议服务。ADC还为那些与重要的客户、投资者和战略合作伙伴举行重要会议的公司提供一切必要的服务。

（三）孵化器服务功能

美国大学城科学中心（UCSC）是世界上最早建立和最成功的商业孵化器，大学城科学中心在过去的30年里共培育了215个企业，构成科学中心的28所大学和科研机构本身就能够为小企业提供一系列的技术支持。同时，科学中心向小企业提供使用州和联邦重点实验室的方便，还可以协助企业申请联邦低息贷款和各种资助。当然，科学中心孵化器的主要功能表现在为新成立和正在起步的企业提供一个发展的空间，主要提供：一是灵活的租赁方式；二是共享办公设施和服务；三是一名常驻管理人员向公司提供各种商业咨询；四是在财政上给予帮助；五是与科学中心内其他企业的网络资源和商业交易信息共享。科学中心还设立了本·富兰克林技术中心、商业信息中心、应用发展中心和一个专门的孵化器指导委员会来为被孵化的企业提供关于财政、法律、营销、会计和保险等各个方面的指导。

（四）创业中心服务功能

创业中心有别于由私人、公司设立的孵化器，其一般是由政府资助成立的，出现在政府驱动型的科技园区中，与自由经济下的孵化器也有所不同。创业中心的目的是在那些商业投资者和银行不敢投资的企业发展最有风险也是最关键的阶段，对企业以基金的形式予以投资。

1971年成立的剑桥科学园，开创了英国科技园运动的先河，剑桥大学在政府资助下又于1987年建立了圣·约翰创业中心。该中心充分发挥自身的智力与人才优势，利用科技园基地，成功地将科技创新与研究成果向应用开发转移，转化为现实生产力，实现了科研成果—技术成果—生产技术—商品化的一条龙。现在剑桥科学园内，集聚了1 200多个高科技企业，年贸易额达40亿英镑之多。新加坡科学园设立了专门的创业中心，该中心为培育新成立的技术企业提供了一个独特的支持环境，拥有高科技的设施，为那些新成立的小型科技企业的发展和产品的商品化提供基础设施和科技服务。

它提供的基础设施包括：一是为每一个新企业提供合适的工作场所，这些场所面积在20~100平方米；二是符合科技企业需要的实验室及其设备；三是灵活的租赁安排；四是为来访客人提供会客间；五是提供会议室；六是与科学园其他企业相连的网络。创业中心提供支持的科技领域包括：一是信息技术和软件技术；二是电子、微电子、远程通讯技术；三是制造技术；四是食品与调味品技术；五是化工技术。

（五）中小企业中介服务功能

目前，各国政府为提高经济竞争力，解决社会就业等方面问题，普遍采取了“政府扶持+中介服务”来推动广大小企业的发展。

美国虽然早已拥有比较完备的社会中介服务体系，但为了适应科技成果产业化和中小企业发展的需要，于20世纪80年代初，进一步创建了专门为中小企业提供全方位服务且隶属于美国商务部小企业管理局的小企业发展中心、中小企业信息中心以及多建在大学的生产力促进中心等科技中介服务机构。这3种机构在职能上有所不同。小企业发展中心得到政府和各方面高度重视和支持，它被明确为非营利性机构，运行经费来自联邦政府、州政府和其他收入，其中不超过50%的经费来自联邦政府，目前已形成庞大的全国性网络，共有57个州中心和950个分中心，成为了促进美国科技成果产业化和经济持续增长的重要社会力量。

英国、法国等发达国家科技中介机构，主要面向广大小企业群。中介机构大都利用各国政府对小企业的扶持政策，主动与政府合作，为小企业提供各种服务，如帮助高技术小企业获取市场机会和投资，提供专业化、优质价廉的服务，经常性的培训、讲座，免费为小企业讲授纳税、计算机网络、软件使用、企业管理、市场开发等知识。

五、科技城创新服务体系的建设思路及重点

用好科技城创新基地，关键要依靠创新基地开展多层次、全方位的创新服务，构建科技城创新服务体系。

（一）建设思路

以引领支撑区域产业发展为宗旨，以科技城创新基地建设为核心，以提升创新基地的服务能力和服务范围为出发点，集聚国内外一流的研发机构和大企业研发中心，汇集国内外尖端研发人才，构筑较为完善的研发、

中试、企业孵化等服务体系；促进各类创新主体的紧密联系和有效互动，努力建设符合区域经济发展规律和本地实际情况的科技城创新服务体系。

（二）建设重点

1. 研发服务体系

鼓励、支持各类科研机构开展研发服务，提升面向产业的研发服务能力。引导支持本地企业或科研机构牵头建立区域性的产业技术创新战略联盟。加强企业技术创新服务平台和面向中小企业的科技服务平台建设，加快发展各类科技中介服务机构。

支持本地企业、科研机构与国内外优秀科研机构建立高层次的技术中心、重点实验室等技术研发机构，形成产学研深度合作机制，促进合作研发。支持本地企业、科研机构利用学术休假等渠道引进高水平的创新人才，扩大研发服务范围。

构建科技城研发服务网络和综合研发服务体系，承揽对外服务和吸引科技创业；收集、汇总本地产业发展需求和科技城创新能力信息，动态整理和发布国内外科研活动进展；探索创新服务模式和收益分配机制，吸引利用更多的创新资源完善服务。

2. 中试、检测和技术转移服务体系

围绕新能源、新材料、新型电子信息、高端装备制造等战略性新兴产业，引导科研院所和企业逐步开展科研成果中试和检测服务，配套加大相关科研基础条件投入；吸引和培育专业化的从事中试和检测服务的中介机构；完善区内中试及检测服务设施的共享共用机制，尝试建立市场化的中试及检测服务收费等运行机制；逐步形成科技城成果落地转化的相关服务机制和配套保障机制。

以高新技术成果产业化为依托，主要面向创新型中小企业孵化及规模化发展，培育发展科技成果转化服务中介机构及科技创新创业服务和孵化机构；支持生产力促进中心和技术转移中心等中介机构开展岗位技能人才培训；鼓励吸引相关中介机构开展技术评估服务、知识产权服务、岗位技能人才培训、技术转移的商务服务、法律（财务）服务。搭建相关信息服务平台，建立与企业和用户对接的市场化机制，完善相关创业环境。建立和发展技术转移服务联盟，促进科技中介服务机构资源共享，加大对学会等科技社团的培育力度。

第六章　青山湖科技城创新中介服务体系建设研究

科技创新中介服务体系是创新体系建设的重要组成部分，主要包括通过科技中介服务机构提供的科技信息、技术咨询、技术评估、技术经纪、技术交易、成果推介等技术转移服务，创业孵化、创业投融资、市场预测、市场调查、市场策划、商业模式、知识产权、技术标准等科技成果转化服务和人才引进、技术培训等科技人力资源服务。科技创新中介服务机构主要有技术转移中心、技术市场、科技企业孵化器、生产力促进中心、大学科技园等。

浙江省创新资源总量位居全国前列，但创新资源配置上存在 3 个问题：一是研发资源分布比较分散，研发机构人员规模较小，人均经费较少；二是研发资源分布偏重于高校和政府属 R&D 机构，企业技术获取能力较低；三是创新服务，技术转移机构和科技企业孵化器的服务能力较低，由此造成浙江省科技进步监测指标中，科技活动投入指数高于全国平均值，而科技活动产出和高新技术产业化指标低于全国平均水平。建设科技城科技创新中介服务体系，提高创新服务能力，是浙江省集成创新资源，优化资源配置的重要途径，对科技城支撑引领浙江省乃至长三角地区产业转型和创新发展至关重要。

2009 年《浙江省人民政府办公厅关于加快浙江省科研机构创新基地（科技城）建设的通知》指出，建设省科创基地是贯彻实施“两创总战略”，加快科技强省和国家技术创新试点省建设，提升自主创新能力，促进经济转型升级的重点内容。积聚创新资源、激活创新要素、转化创新成果，提升浙江省科技综合竞争力，把科技城建设成为长三角乃至全国创新要素最活跃的研发基地之一。青山湖科技城要充分发挥研发基地的支撑引领作用，必须建设高效率的创新服务体系。

一、浙江科技城创新中介服务体系建设现状分析

浙江省 GDP 位居全国第三，科技投入居全国前列。2010 年，浙江省地方财政科技拨款占地方财政总支出的比重达到 3.78%，居全国第四，财政科技拨款额位居全国第五。2010 年浙江省研发人员共 22.35 万人，位居全国第三（表 6-1），但浙江省科技资源利用与布局仍存在一些问题。

表 6-1 2010 年地方财政科技拨款比重 3%以上的省市

	北京	上海	广东	浙江	天津	江苏
比重（%）	6.58	6.12	3.96	3.78	3.14	3.06
金额（亿元）	178.9	202	214.4	121.4	43.3	150.4

资料来源：科技部《2011 年中国科技统计数据》

（一）科技投入效率有待提高

从 2009 年浙江省科技进步监测指标看，综合科技进步水平指数为 56.42，位居全国第七，略低于全国平均值，表明浙江省经济发展中科技进步贡献的作用有待提高。

在科技进步监测指标中，浙江省只有科技活动投入指数和科技促进经济社会发展指数高于全国平均值，科技进步环境、科技活动产出和高新技术产业化指标均低于全国平均水平，科技活动产出指数远低于科技活动投入指数，表明浙江省科技投入效率有待提高（表 6-2）。

表 6-2 2009 年浙江省科技进步监测指标

	综合科技进步水平	科技进步环境	科技活动投入	科技活动产出	高新技术产业化	科技促进经济社会发展
监测值	56.42	59.88	61.33	35.5	45.63	72.63
全国平均值	56.99	58.96	55.13	56.47	49.37	62.65
在全国排序	7	9	6	14	11	7

资料来源：科技部发展计划司《科技统计报告》2010 年第 2 期

（二）企业研发资源分布比较分散

据 2009 年第二次全国 R&D 资源清查数据，浙江省研究开发机构总数位居全国第一，但与江苏、山东、广东等省相比，浙江省研发机构规模较小，平均人数 20 人，仅为山东、广东的一半，也低于江苏。浙江省研发机构的人均研发经费也低于江苏、山东和广东，表明浙江省研发机构数量虽多，但人员和经费规模较小（表 6-3）。

表 6-3　主要省份 R&D 机构资源情况

省份	机构数（个）	研发人员数（万人）	平均机构人数（人）	研发经费支出（亿元）	人均经费（万元）
浙江	6 336	12.6	20	239.1	18.9
江苏	6 093	15.3	25	323.9	21.1
山东	3 058	12.1	40	296.1	24.4
广东	4 282	20.1	47	398.7	19.8

资料来源：国家统计局《2009 第二次全国 R&D 资源清查资料汇编（综合卷）》

从各类机构的研发资源分布看，浙江省工业企业和非工业企业 R&D 机构的平均人数和人均研发经费都低于江苏、山东和广东，政府属 R&D 机构的平均人数和人均研发经费都低于江苏，但高于山东和广东，高校 R&D 机构的平均人数和人均研发经费高于江苏、山东和广东。表明江苏省研发资源分布偏于高校和政府属 R&D 机构（表 6-4 至表 6-7）。

表 6-4　主要省份工业企业 R&D 机构资源情况

省份	机构数（个）	研发人员数（万人）	平均机构人数（人）	研发经费支出（亿元）	人均经费（万元）
浙江	5 692	11.1	20	209.1	18.8
江苏	5 094	12.0	24	242.6	20.2
山东	2 233	10.1	45	260.1	25.8
广东	3 242	17.8	55	361.7	20.3

资料来源：国家统计局《2009 第二次全国 R&D 资源清查资料汇编（综合卷）》

表 6-5　主要省份非工业企业 R&D 机构资源情况

省份	机构数（个）	研发人员数（人）	平均机构人数（人）	研发经费支出（亿元）	人均经费（万元）
浙江	316	5 643	18	12.5	22.1
江苏	320	6 435	20	8.5	13.2

（续表）

省份	机构数（个）	研发人员数（人）	平均机构人数（人）	研发经费支出（亿元）	人均经费（万元）
山东	182	4 446	24	9.8	22
广东	444	8 295	19	14.8	17.8

资料来源：国家统计局《2009 第二次全国 R&D 资源清查资料汇编（综合卷）》

表 6-6　主要省份政府属 R&D 机构资源情况

	机构数（个）	研发人员数（人）	平均机构人数（人）	研发经费支出（亿元）	人均经费（万元）
浙江	101	4 935	49	12.9	26
江苏	149	18 813	126	64.2	34.1
山东	230	9 822	43	22.1	22.5
广东	185	8 936	48	175 980	19.7

资料来源：国家统计局《2009 第二次全国 R&D 资源清查资料汇编（综合卷）》

表 6-7　主要省份高等学校 R&D 机构资源情况

省份	机构数（个）	研发人员数（人）	平均机构人数（人）	研发经费支出（亿元）	人均经费（万元）
浙江	205	3 956	19	42 096	10.6
江苏	448	6 241	14	79 170	12.7
山东	361	5 832	16	38 884	6.7
广东	351	4 708	13	36 496	7.3

资料来源：国家统计局《2009 第二次全国 R&D 资源清查资料汇编（综合卷）》

从行业分布看，浙江省制造业 R&D 机构平均人数和人均研发经费都低于江苏、山东和广东（表 6-8）。科研技术服务业 R&D 机构低于江苏，高于山东和广东（表 6-9）。信息计算机与软件业 R&D 机构的平均人数和人均研发经费具有优势（表 6-10）。

表 6-8　主要省份制造业 R&D 机构资源情况

省份	机构数（个）	研发人员数（人）	平均机构人数（人）	研发经费支出（亿元）	人均经费（万元）
浙江	5 664	11.1	20	208.4	18.8
江苏	5 055	11.8	23	240.5	20.3
山东	2 115	9.2	43	244.5	26.7
广东	3 211	17.7	55	359.6	20 3

资料来源：国家统计局《2009 第二次全国 R&D 资源清查资料汇编（综合卷）》

表 6-9　主要省份科研技术服务业 R&D 机构资源情况

省份	机构数（个）	研发人员数（人）	平均机构人数（人）	研发经费支出（亿元）	人均经费（万元）
浙江	110	4 996	45	13. 0	26. 0
江苏	169	19 628	116	66. 0	33. 6
山东	243	10 009	41	22. 9	22. 9
广东	199	9 278	47	18. 5	19. 9

资料来源：国家统计局《2009 第二次全国 R&D 资源清查资料汇编（综合卷）》

表 6-10　主要省份信息计算机与软件业 R&D 机构资源情况

省份	机构数（个）	研发人员数（人）	平均机构人数（人）	研发经费支出（亿元）	人均经费（万元）
浙江	124	2 948	24	83 827	28. 4
江苏	102	3 806	37	53 024	13. 9
山东	52	704	14	5 883	8. 4
广东	263	4 058	15	46 447	11. 4

资料来源：国家统计局《2009 第二次全国 R&D 资源清查资料汇编（综合卷）》

（三）对外技术依存度较高

浙江省企业引进技术消化吸收经费占引进国外技术支出比例较高，购买国内技术经费占引进国外技术支出比例达到 75%，明显高于江苏、山东和广东，对外技术依存度较高（表 6-11）。

表 6-11　主要省份企业技术获取情况

省份	引进国外技术支出（亿元）	引进技术消化吸收经费支出（亿元）	消化吸收经费比例（%）	购买国内技术经费支出（亿元）	购买国内技术经费比例（%）
浙江	21. 4	9. 9	46. 4	16. 1	75. 3
江苏	32. 6	15. 4	47. 3	19. 1	58. 7
山东	48. 7	15. 3	31. 3	14. 3	29. 4
广东	72. 2	8. 9	12. 3	10. 7	14. 9

资料来源：国家统计局《2009 第二次全国 R&D 资源清查资料汇编（工业企业卷）》

（四）企业技术获取平均支出较低

浙江省企业引进技术经费、消化吸收经费和购买国内技术经费平均支出均低于江苏、山东和广东省（表6-12）。但浙江省小企业的技术获取积极，在引进国外技术支出、引进技术消化吸收经费支出和购买国内技术经费支出中，所占比例均高于江苏、山东、广东等省（表6-13）。特别值得注意的是，小微企业是提供新增就业岗位的主要渠道，是企业家创业的重要平台，也是科技创新的重要力量。浙江省许多小微企业活跃在创新前沿，但在发展中遇到获取技术的渠道、融资成本和时间效率等问题；同时也应注意到在技术购买方面，民间金融渠道也是对依靠国家政策扶持和传统金融机构方式非常有益的补充。

表6-12　主要省份企业平均技术获取情况

省份	引进国外技术平均支出（万元）	消化吸收经费平均支出（万元）	购买国内技术经费平均支出（万元）
浙江	3.53	1.64	2.66
江苏	5.35	2.53	3.14
山东	10.70	3.35	3.15
广东	13.80	1.70	2.06

资料来源：国家统计局《2009第二次全国R&D资源清查资料汇编（工业企业卷）》

表6-13　主要省份小型企业技术获取比例

省份	占引进国外技术支出比例（%）	占消化吸收经费支出比例（%）	占购买国内技术经费支出比例（%）
浙江	24.3	28.2	28.0
江苏	16.6	14.3	20.4
山东	0.6	20.9	8.4
广东	6.4	16.9	14.0

资料来源：国家统计局《2009第二次全国R&D资源清查资料汇编（工业企业卷）》

（五）浙江省技术转移能力有待提高

浙江省现有国家技术转移机构12家，平均人数和成交额高于江苏、山东和广东省，但人均成交额和平均每项合同成交额均低于江苏、山东和广东省（表 6-14），有 58%的技术转移示范机构人均成交额在 10 万元以下，远高于江苏、山东和广东省（表 6-15）。

表 6-14　主要省份国家技术转移示范机构指标比较

省份	机构数（家）	人数（人）	专职（人）	经纪人（人）	技术市场合同成交量（项）	技术市场合同成交额（千元）	技术市场合同单项成交额（千元）	人均技术市场合同成交额（千元）
浙江	12	1 608	868	259	4 244	190 974	45	118. 7
山东	9	810	467	66	1 671	95 609	57	118
江苏	15	1 045	349	47	4 536	349 536	77	334. 5
广东	12	994	417	45	844	340 644	404	342. 7

资料来源：根据科技部火炬中心数据统计

表 6-15　主要省份人均成交额 10 万元以下的国家技术转移示范机构比例

	浙 江	江 苏	山 东	广 东
技术转移机构数	12	15	9	13
人均成交额 10 万元以下的机构数	7	3	3	3
占机构总数比例（%）	58. 3	20	33. 3	23. 1

资料来源：根据科技部火炬中心数据统计

浙江省已建设国家级企业孵化器 21 个，总体看孵化能力还较低。一是孵化器人均收入较低，2009 年在浙江省 21 个国家级孵化器中，只有 3 个孵化器人均收入高于全国平均水平，占孵化器总数的 15. 8%；二是孵化器服务性收入比例较低，仅有 5 个孵化器服务性收入比例高于全国平均水平，占 26. 3%（表 6-16）。

表 6-16　浙江省国家级孵化器收入水平（2009 年）

序号	浙江省国家级孵化器	人数（人）	总收入（千元）	人均收入（千元）	服务性收入（千元）	占总收入比重（%）
1	杭州东部软件园	42	125 262	2 982	6 351	5. 1
2	浙大科技园发展公司	20	42 091	2 105	1 525	3. 6
3	金华科技园创业服务中心	14	12 625	902	1 845	14. 6
4	杭州高新区创业中心	32	9 380	293	150	1. 6

（续表）

序号	浙江省国家级孵化器	人数（人）	总收入（千元）	人均收入（千元）	服务性收入（千元）	占总收入比重（%）
5	温州高新区创业中心	18	8 533	474	7 831	91.8
6	绍兴高新创业服务中心	12	6 434	536	300	4.7
7	浙大科技园宁波公司	12	6 098	508	216	3.5
8	宁波鄞创科技孵化器公司	13	6 050	465	530	8.8
9	湖州创业服务中心	20	4 455	223	2 955	66.3
10	嘉善县创业服务中心	12	3 756	313	0	0.0
11	宁波科技创业中心	14	3 627	259	0	0.0
12	嘉兴创业服务公司	16	3 458	216	0	0.0
13	长兴民营科技园发展公司	18	3 200	178	1 300	40.6
14	杭州上城区创业服务中心	9	3 122	347	0	0.0
15	宁波保税区科技促进中心	11	2 430	221	1 770	72.8
16	杭州拱墅区创业中心	11	2 269	206	2	0.1
17	宁波经开区科技园中心	8	1 490	186	0	0.0
18	台州高新创业服务中心	16	1 226	77	320	26.1
19	嘉兴南湖创业服务中心	13	900	69	100	11.1
20	临安科技孵化中心	9	406	45	361	88.9
21	杭州数字娱乐园	12	247	21	247	100.0

资料来源：根据科技部火炬中心数据统计

经过改革开放30多年来的发展，民营企业已经成为浙江经济发展的重要力量，从2003年起全省生产总值中民营经济约占70%，如吉利集团的汽车、万向集团的汽车配件、恒逸集团的聚酯纺丝等。同时，国企中的杭钢集团、杭氧集团、镇海炼化集团等在同行业中都有相当的竞争力。近年来快速发展的以宁波为中心，舟山、嘉兴为翼的环杭州湾临港工业带，建设了石化、钢铁、汽车、造纸、机电、修造船、新能源及水产品深加工等生产基地。

在发展过程中，政府积极引导和推动长三角区域创新体系建设，积极推进科技中介服务体系建设和公共科技服务平台建设，如发展区域技术转移服务机构，共建仪器设备公共平台、实验动物公共平台、信息数据库平台、技术交易平台等，促进创新资源的整合和共享。

二、我国技术转移服务体系建设模式

我国从事技术转移的组织形式较多，专业从事技术转移的组织主要有技术转移中心、大学技术转移机构和技术转移联盟，其他兼有技术转移功能的组织有国家工程技术（研究）中心、工业技术研究院、生产力促进中心、科技企业孵化器、大学科技园、产业技术创新联盟等。

（一）我国技术转移组织与服务体系

我国从事技术转移的组织形式较多，专业从事技术转移的组织主要有技术转移中心、大学技术转移机构和技术转移联盟，其他兼有技术转移功能的组织有国家工程技术（研究）中心、工业技术研究院、生产力促进中心、科技企业孵化器、大学科技园、产业技术创新联盟等。

国家技术转移示范中心是国家有关主管部门认定的技术转移中心。到2009年，全国共有134个国家级技术转移示范中心、十多个大学技术转移机构、230多个国家工程技术（研究）中心、1 808个生产力促进中心、279个国家级科技企业孵化器、76个国家大学科技园，20多个省市工业技术研究院及上百个产业技术创新联盟，构成了多层次、多途径的国家技术转移体系。

大连理工大学国家技术转移中心

该中心在大学的支持下，通过技术转移服务，集成了全校142个研究中心、院、所、室的技术成果；技术转移中心与企业共建研发中心，建立了辽油—大工研究院和沈鼓—大工研究院，在此基础上建立了装备制造技术平台和石油化工技术平台；与地方共建技术转移机构，在苏州、常熟、东营、张家港等地建立了地方技术转移分中心，与企业建立了集成电路、精细化工、新材料等8个研发中心，建设几何量分析测量中心等各类技术服务平台4个，筹建和在建4个专业领域的创新服务平台。该中心还与俄、法、日、韩等国研究机构签订科技合作协议。形成了校区、理工大学研究开发区、产业园区三区联动的技术转移思路，研发、集成、转化、服务一体化的技术转移功能，与企业、地方和国外共建技术中心（平台）的技术转移机制，技术资源统筹管理的大学技术转移工作体系，大连理工大学技术转移中心成为集成大连理工大学和国内外创新资源的技术转移与创新平台（图 6-1）。

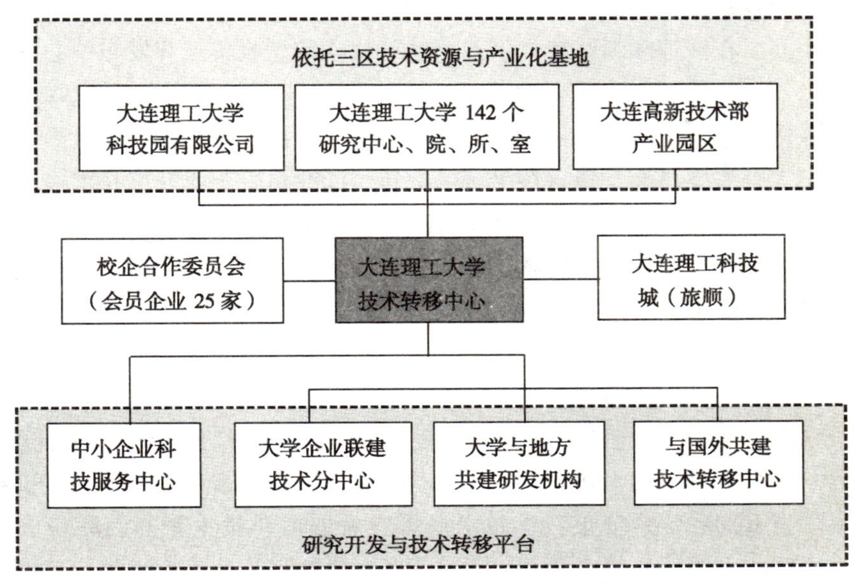

图 6-1　大连理工大学的技术转移服务体系

（二）区域性技术转移联盟

随着各地技术转移机构的发展和企业技术需求的增长，一些地区为进一步集成技术转移组织资源，更大范围和更有效地进行技术转移，建立了大区域技术转移联盟，如长三角地区和东北地区的技术转移联盟。

1. 长三角科技中介战略联盟

长三角科技中介战略联盟是以上海科技开发交流中心、浙江科技交流中心、江苏生产力促进中心 3 个科技中介机构为代表，通过签订相关协议共同组成的。3 个单位领导人组成战略联盟指导委员会，负责联盟的运作。

联盟建立技术转移服务三大平台：技术信息服务平台、技术资本对接服务平台、推进长三角技术经纪人合作平台，整合三地机构现有的信息资源，使科技成果、技术需求、技术难题及国际科技合作信息及时、快速、便捷地在三地双向流动，实现科技项目资源网上交易信息的集聚效应和规模效应。

联盟依托江苏高新技术成果与产品交易网、中国浙江网上技术市场和上海技术交易网 3 个网站，组建了联盟的信息门户网站，形成了连接江苏和浙江两省各个市县的门户网站群，并以上海市作为国外技术转移信息的交换中心，在江苏和浙江建立了 6 个区域技术信息收集点和发布中心的示范点。

联盟推进长三角技术经纪人合作服务平台，由相关领导人组成推进技术经纪人合作委员会，负责该平台的运行，同时负责吸收社会技术经纪公司参加该平台，对经纪人进行有序管理与指导，实现经纪人资格三地互认，同时提供项目资源与转移渠道，提高技术转移效率。联盟还与长三角创业投资联盟签订相关协议，双方形成松散的网络关系，并成立协调小组，负责技术与资本的无缝对接。

2. 东北技术转移联盟

东北技术转移联盟是 2005 年由黑龙江省科学技术厅、辽宁省科学技术厅、吉林省科学技术厅和大连市科学技术局、沈阳市科学技术局、长春市科学技术局和哈尔滨市科学技术局等三省四市科技主管部门联合成立的。联盟的主要任务是：协调科研院所和大学的科技与人才资源，促进以知识创新和技术创新为先导的科技创新与技术集成；改善区域技术交易环境，建立相关制度，规范技术合作，引导有效技术供给和需求，促进技术转移；通过产业政策，鼓励企业对技术转移的参与和投资，引导支持企业获得技术和建立技术转化能力，引导资助产学研联合的高技术研究开发；建立产业共性技术开发集成和转移的平台，将共性技术作为公共产品提供给社会企业共享；建立和提供标准化开放的公共服务平台，进一步推进区域内的技术转移工作；广泛开展专项科技领域内的研究、开发、推广的国际合作与交流，建立科技与外经贸有机结合的运行机制。

联盟建立 1 个门户（东北技术转移联盟门户系统）、8 个平台（科技成果转化信息服务平台、科技成果转化民间资本与市场对接服务平台、科技成果转化技术交易与推广平台、科技成果转化工程化中试服务平台、东北科技成果转化孵化服务平台、老工业基地改造技术交流推广平台、东北科技供需服务平台、东北科技专项支撑平台）、2 个体系（联盟会员体系和技术转移服务体系），集成区域技术资源，建立综合服务平台，提升技术转移能力，建立覆盖东北地区，集技术、科技成果、人才、投融资、项目咨询评估、成果对接、市场预测、技术服务、技术培训等于一体的全方位综合性服务平台。通过这个平台，将有效地开展信息交流、技术评估和交易、投资和融资、企业孵化、人才流动与人才结构优化配置、知识产权利用和保护、商业模式设计、法律咨询等配套服务。充分发挥三省四市相关部门、大学、企业、科研院所、中介机构、各类科技孵化器及其他服务机构和网络体系等系统的人力资源、信息资源、网络资源和成果资源优势，构建由政府引导的工、农、商、学、科紧密结合的有机服务体系。充分挖掘已构建系统资源的价值，建设完善产业服务链，形成信息化的东北地区技术转移和科技成果产业化的有机服务系统，促进东北地区技术转移和自主创新。

（三）地方工业技术研究院

2005 年以来，许多省市建立工业技术研究院，如广东、浙江、陕西、黑龙江、河南、甘肃、山西、北京、上海、重庆、武汉、深圳、苏州等。地方工业技术研究院在组织层次上分为省级和市级工业技术研究院；在功能上，大多为综合性工业技术研究院，也有行业性工业技术研究院，如浙江省现代纺织工业研究院、广东半导体照明产业技术研究院。在组建方式上，大多是地方政府与大学、科研院所或企业共建的（表 6-17）。

表 6-17　部分地方工业技术研究院建设情况

机构名称	建设年份	建设方式
苏南工业技术研究院	2005	苏州高新区管委会与中国科学院共建
西北工业技术研究院	2005	陕西省政府、西安市政府、国防科工委、西北工业大学、军工集团公司，在陕军工企事业单位发起成立
中科院深圳先进技术研究院	2006	中国科学院和深圳市政府共建
浙江省现代纺织工业研究院	2006	以民营生产力促进中心、国家级重点高新技术企业——绍兴轻纺科技中心为主体，联合浙江理工大学、浙江大学等 90 余家单位共同建设
陕西工业技术研究院	2006	西安交通大学、省科技厅、5 个市政府、5 个大型国有企业共同出资组建
昆山市工业技术研究院	2008	市科技教育园区建设有限责任公司和市工业资产经营有限责任公司共同出资组建
广东省工业技术研究院	2008	广州有色金属研究院等 6 家科研机构共建
重庆市科学技术研究院	2008	整合原属中央和地方的 10 个研究院所重建
汉中工业技术研究院	2008	陕西航空职业技术学院、汉中经济开发区管委会和西北工业技术研究院及在汉军工企事业单位和地方优势企业共建

（续表）

机构名称	建设年份	建设方式
厦门产业技术研究院	2009	市科技局与中科院共建
华南理工大学梅州现代产业技术研究院	2009	广东梅州市政府与华南理工大学共建
黑龙江省工业技术研究院	2009	省政府与哈尔滨工业大学共建
宁波工业技术研究院	2009	中科院、浙江省和宁波市政府共建
上海紫竹新兴产业技术研究院	2010	上海闵行区与上海交通大学共建
广东半导体照明产业技术研究院	2010	广东省科技厅与中科院半导体研究所、广东省工业技术研究院、国家半导体照明工程研发及产业联盟共建
莆田市产业技术研究院	2010	整合市科技局所属的市工业技术研究所等 10 个直属科研单位
河南工业技术研究院	2010	河南工业大学与中国电子科技集团公司第二十七研究所、许继集团有限公司共建
江南现代工业研究院	2011	江苏省科技厅、常州市科教城管委会和 6 所院校共建
浙江大学苏州工业技术研究院	2011	浙江大学与苏州高新区共建
北京工业技术研究院	2011	北京市科学技术研究院和北京工业大学共建
东南大学张家港工业技术研究院	2011	东南大学、张家港市政府、南丰镇政府共建

资料来源：作者根据调研资料整理

建立工业技术研究院主要是研发产业共性技术，支撑本地产业的技术创新，因而工业技术研究院的功能除研究开发外，还提供技术服务和技术转移，一些工业技术研究院专门设立了技术转移机构，如苏南工业技术研究院不仅建立了信息技术（IC 设计及软件开发）、生物医药、环保技术、汽车电子零部件技术等领域的开放式实验室和技术开发中心，还专门设立 1 个技术转移中心和 4~5 个专业孵化器。西北工业技术研究院除建立技术研发中心外，还建立了技术转移中心、国际合作中心和培训服务中心。

三、科技城技术转移服务体系建设思路

（一）国家“十二五”科技中介服务体系建设思路

《国家中长期科学和技术发展规划纲要（2006—2020 年）》指出要

建设社会化、网络化的科技中介服务体系。针对科技中介服务行业规模小、功能单一、服务能力薄弱等突出问题，大力培育和发展各类科技中介服务机构。充分发挥高等院校、科研院所和各类社团在科技中介服务中的重要作用。引导科技中介服务机构向专业化、规模化和规范化方向发展。构建技术交流与技术交易信息平台，对国家大学科技园、科技企业孵化基地、生产力促进中心、技术转移中心等科技中介服务机构开展的技术开发与服务活动给予政策扶持。

《国家“十二五”科学和技术发展规划》提出了科技中介服务体系建设思路，建设要求是构建社会化、网络化的科技中介服务体系，优化科技中介服务组织布局。建设任务主要有 5 个方面：一是加强高水平科技中介服务机构建设与示范，提高生产力促进中心、大学科技园、科技企业孵化器、技术市场、技术转移机构等科技中介组织的服务功能和服务水平。二是建立和发展技术转移服务联盟，促进科技中介服务机构资源共享。三是加强多层次、多渠道、多元化的科技与市场对接平台和技术交易市场建设。四是促进高等学校、科研院所科技成果与企业特别是中小企业技术创新需求的有效对接。五是发展一支高水平的科技中介专业队伍。

（二）科技城创新中介服务体系建设思路

1. 战略目标

（1）建设思路。从科技城支撑引领浙江省乃至长三角地区产业转型和创新发展的战略目标与核心功能出发，建设以公共科技创新服务平台为核心，集成省内外创新服务资源，规范化、专业化、规模化、网络化、社会化、国际化的科技创新中介服务体系。

（2）建设原则。科技创新中介服务体系建设遵循以下原则：一是服务目标要面向浙江省产业转型和战略性新兴产业创新发展；二是服务功能以促进重大技术转移和创业孵化为重点；三是公共服务机制与市场机制相结合；四是服务对象以科技城研究机构和企业为主。

（3）服务重点领域。根据浙江省“十二五”经济与社会发展规划，科技城创新服务的产业主要有 3 个方向：一是事关浙江产业转型升级的纺织、化工、皮塑等 11 个重点产业；二是新能源、新材料、生物医药、节能环保、物联网、核电关联等具有浙江特色的战略性新兴产业；三是信息、科技、文化创意、物流等生产服务业；四是服务于科研基础条件设施、若干产业技术研究机构的建设，服务于推动应用开发、工程中试、技术转移与孵化平台的建设；五是省级产业集聚区和块状经济转型升级示范区。

（4）发展目标。

第一阶段（2012—2015 年）：建设青山湖科技城公共科技创新服务平台，引进技术转移与创业孵化机构和人才；建立创新服务合作机制，形成以科技城公共科技创新服务平台为核心的科技城公共科技创新服务体系基本框架（图 6–2）。

第二阶段（2016—2020 年）：发展科技城科技创新服务网络，建立较完善的科技创新服务机制，提升科技创新服务能力，形成科技城对浙江省产业发展的科技创新引领能力。

第三阶段（2021—2030 年）：建立国际技术转移网络，拓宽国际技术转移合作渠道，形成科技城对长三角地区产业发展的科技创新引领能力。

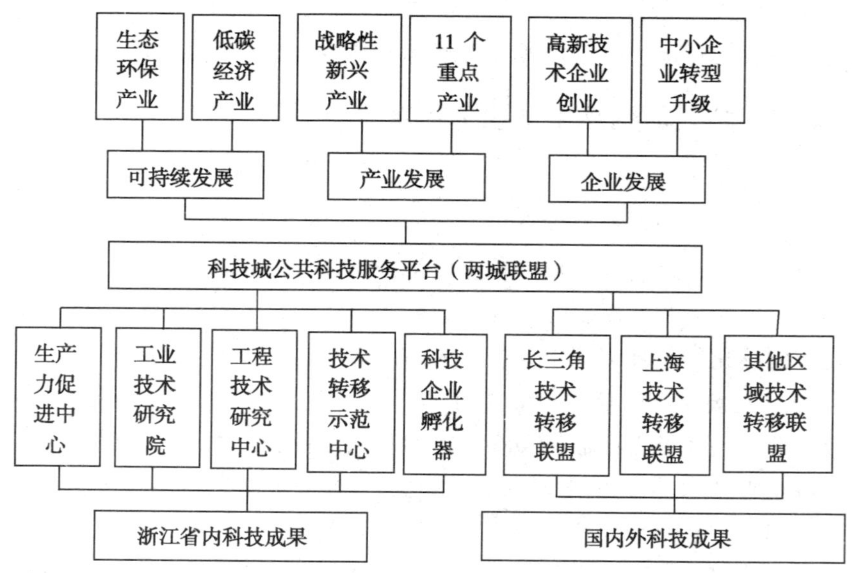

图 6–2　科技城创新中介服务体系框架

2. 重点建设任务

（1）建设综合性公共科技创新服务平台。建立科技城创新服务中心，作为科技城公共科技创新服务平台的核心载体。科技城创新服务中心具有技术转移、创业孵化、科技评估、中试检测、创新管理咨询等综合性创新服务功能。创新服务中心建设由政府资助、按市场机制运行，是以公共科技创新服务为主要任务的非营利性非企业机构。

（2）集成科技创新服务优质资源。与未来科技城建立技术转移与创业孵化战略联盟，与省内外主要技术转移与创业孵化机构建立创业服务合作机制，与上海、长三角等区域技术转移联盟建立合作机制；建设科技城科技创新服务网站和各类科技专家库、研究机构和企业信息库、项目库和成果库等数据库，与省知识产权〈专利）和技术标准信息服务平台建立信息共享机制。

（3）引进科技创新中介服务机构与人才。根据科技城重点研究领域和重点产业创新需要，优选引进省内外国家级技术转移示范中心、科技企业孵化器、工程技术研究中心、知识产权与技术评估等各类技术咨询服务机构与人才。

（4）建立公共科技创新服务机制。重点与省重大科技专项、科技成果转化工程、重点产业集聚区、重大创新平台、科技创新基地和科技创新团队建立技术转移与创业孵化服务机制。

专栏　科技城公共科技创新服务体系资源

1. 研究机构

浙江大学国家大学科技园、浙江省国家大学科技园、宁波国家大学科技盟、中国美院国家大学科技园；青山湖以色列科技产业园、乒山国际科技岛、巨化中俄科技合作园；省级重点实验室和工程技术研究中心。

2. 企业

146家龙头骨干企业，高新技术企业研发中心和企业研究院，产业技术创新战略联盟。

3. 科技创新基地

杭州滨江新区、大江东创新基培、宁波研发留、温州科技域、嘉兴科技域和解化城、湖州南太湖科制中心、舟山海洋科学城、丽水中药科技园、德清科技城。

4. 重大创新平台

现代纺织、新药创制、集成电路、汽车及零部件、服装产业等57

个产业创新平台。

5. 科技创新团队

150个省重点科技创新团队和100个企业技术创新团队。

6. 科技创新计划（工程）

钱江人才计划；浙江海外高层次人才创新园、中国海洋科技创新引智园和留学生创业园；清华大学、浙江大学等海外学子“浙江行”活动；企业家技术创新战略能力提升计划；优秀青年科技创新人才培养计划，高技能人才培养计划；重点企业知识产权管理促进工程。

第七章　青山湖科技城创业投资服务体系建设研究

青山湖科技城起步较晚，现在迫切需要有针对性地发挥其后发优势的突破点，以提升其相对于浙江及全国类似科技城的竞争力。目前，具有潜力的企业只能通过自筹资金逐步发展，缺乏资金影响了企业的发展速度。为了追求快速发展，企业不得不在筹资上开拓新视野。许多世界著名的科技园区都是通过创业投资来取得快速发展的，如美国的硅谷、中国台湾的新竹科技园等都是成功的案例。

一、青山湖科技城建设创业投资服务体系的背景

创业投资是金融与经济结合的一个重要突破点，通过创业投资发展不仅能够快速扩大区域经济规模，而且具有提升区域产业竞争力、实施产业转型升级的重要作用。创业投资服务体系包括中介机构、政府和法律制度，为创业投资发展提供支持和服务。在促进青山湖科技城创业投资发展的过程中，创业投资企业是按照商业规则进行盈利活动的，而青山湖科技城政府的角色是通过创业投资服务体系建设加快创业投资企业进入青山湖地区的速度和规模、为创业投资企业成长提供适合的商业环境、优惠政策和风险分散措施，引导创业投资向青山湖科技城重点产业和机构倾斜。

专栏 7-1　发展背景：中国创业投资机构的政策环境

近年，中央和地方出台了一系列支持创业投资机构发展的政策。2010 年，中国创业投资调查显示，28.9%的创业投资机构受到政府资金的支持，28.6%的创业投资机构享受到所得税减免政策优惠，25.1%在信息交流方面得到政府支持，9.5%在人员培训方面获得政府帮助。例如，北京市 32.6%的创业投资机构受到政府资金的支持，新疆 47.1%的创业投资机构享受到所得税减免政策优惠，浙江 6.4%的创投机构可以计提风险准备金以降低投资风险和成本。

浙江省创业投资发展较好，投资机构数量和管理资本总量在全国排在前三甲。2010年，浙江省有创业投资机构173家，管理资本总量为281亿元，项目投资强度为1 902万元。从风险投资机构规模来看，浙江的风险投资机构的平均管理规模排在第三位，落后于江苏和广东。从资本来源来看，浙江省创业投资中政府出资比例不足10%，资金主要来源于企业。从行业来看，浙江省风险投资主要集中在IT服务、传统制造、新材料、新能源/高效节能技术和网络产业，上述项目占总数的54.2%。从行业投入强度来看，有17个行业的平均投资规模在1 000万元以上。

浙江省创业投资的特点是资金主要来源于企业，创业投资的平均规模和对单个项目的投入规模并不大，这些特征与浙江经济以民营经济为主的特点相符。从浙江省创业投资服务体系的发展来看，首先必须针对民营经济的特点，鼓励创业投资机构的积极性，降低运营风险和成本。其次，引入国外创业投资资源，重点推动中介服务机构发展①。此外，创业投资行业发展需要高素质的人力资源，对员工的资本运作能力、判断力和洞察力、商务谈判能力、人际网络和协调能力、财务管理能力、技术背景等有较高的要求，通过服务体系建设为浙江创业投资提供人才是必须重视的因素。

二、青山湖科技城建设创业投资服务体系的措施

为强化青山湖科技城面向创业投资的支撑力度，政府在创业投资服务体系建设中着力发展“两个资金，两个体系”，并通过“两个探索”加快创业投资服务体系建设速度。

（一）设立青山湖创业投资引导资金

设立规模2亿元人民币的青山湖创业投资引导资金，资金来源为财政拨款。资金设立的目的在于聚集创业风险资本和投资管理机构，激活创业风险投资市场，促进青山湖科技城及临安市的科技创业，吸引更多

① 2010年创业投资调查表明，“项目中介机构”“朋友介绍”“政府部门”是中资和外资创业投资机构最重要的3个信息获得渠道

民营创业投资和国外创业投资进入区域重点扶持和发展的战略性新兴产业，推动高新技术产业跨越式发展，为青山湖科技城经济又快又好发展增添增长点。引导资金的扶持方式为“阶段参股、跟进投资和融资担保”，由青山湖创业投资政府引导资金以独立法人的形式，按照“政府引导、市场运作、科学决策、防范风险”的原则对引导资金进行投资运作和管理。

（二）设立青山湖科技成果转化引导资金

在青山湖科技城设立科技成果转化引导资金，由浙江省、杭州市财政安排专项资金，资金总额度为1亿元。基金的使用体现政府目标导向，按照引导性、间接性、非营利性和市场化原则，遵循企业需求拉动与学科推动、衔接国家目标、实行人才优先的要求，通过贷款风险补偿、绩效奖励等方式，面向青山湖科技城高新技术产业、区域优势产业等方面的应用需求，加强以应用基础研究为主的原始创新和前沿性科学问题研究，强化高新技术产业基础性科技问题研究，培养高层次创新人才，为增强青山湖科技城自主创新能力提供技术和人才储备，以政府资金引导金融机构资本和民间资金共同加大对科技成果转化的投入，创新支持机制和模式，为高新技术产业的跨越发展提供创新源泉。

（三）推进政府、金融机构、科技型企业等多方参与的风险分担体系建设，重点发展科技担保

缓解中小企业融资难，需要推进政府、金融机构、科技型企业等多方参与的风险分担体系建设。一些具有成长性的中小企业由于缺乏必要的资金支持而难以为继，这种现象在众多科技企业中尤其普遍。调节手段之一是由政府财政提供部分资金，成立专业担保机构，使这部分资金形成信用资源。通过政府有关机构为中小企业提供担保，从而产生“杠杆”作用，引导银行、保险等社会资金流入中小企业，这也是各国为缓解科技型中小企业融资难的通行做法。担保最重要的作用在于建设准公共信用资源并利用这部分资源为合格的中小企业提供信用保证。在控制风险前提下，担保机构担保规模越大，其自身信用能力越强、政府的财政杠杆作用越明显，则信用资源使用效能越高。这样既防止了低效率、权力寻租现象，又体现了政府的监督制衡作用。

（四）推进临安市和青山湖科技城的风险投资促进体系，扩宽创业风险投资的募集渠道，提升风险投资的投资规模和投资深度

以国家政策为导向，坚持市场化运作机制，扩大创业风险投资的募集渠道、投资规模和投资深度，推进临安市和青山湖科技城的风险投资行业发展，坚持制度为先、规范化运作的要求，促进青山湖科技城及周边地区的高新技术产业化。对风险投资中面向初创企业早期融资需求的天使投资、面向特定行业的专业型风险投资和投资领域较宽并提供配套服务的综合型风险投资等风险投资中的不同类型，提供促进其发展的针对性政策。天使投资面对风险最大的初创期企业，可以为企业提供创业初期的企业运营费用，并提供财务、管理方面的帮助。专业型风险投资根据各自在行业中的投资经验和专家特长，针对一到两个行业进行专业性的投资，以提高投资的成功率，接受投资的企业可以在获得资金的同时获得行业内技术、市场、竞争对手等重要经营信息。综合型风险投资为企业和机构提供高新技术项目为主的股权投资；企业管理咨询、财务咨询；资产的受托管理；企业重组、改制、回购、上市与证券投资的咨询、策划等服务。杭州市、临安市和青山湖科技城可以通过简化行政审批流程、税收优惠、补贴、奖励等方式促进区域风险投资行业的发展。

专栏 7-2　案例借鉴：上海鼓励扶持风险投资的主要政策

1. 税收优惠：包括对公司制股权投资企业中高管和骨干个人的税收补贴、股权投资企业投资于当地企业可获得的税收补贴。

2. 对企业一次性奖励或补助：对在浦东新区进行工商注册和税务登记的股权投资企业和股权投资管理企业，比照法人金融机构，给予一次性奖励。

3. 租购房补贴：包括对股权投资机构的办公用房补贴、对股权投资机构中高管个人的住房补贴。

（五）探索扶持科技金融发展的新型金融组织及新型产品，推动金融机构创新信贷产品，重点推进银行金融机构开展知识产权质押融资

科技金融是指促进科技开发、成果转化和高新技术产业发展的一系列金融工具、金融制度、金融政策与金融服务的系统性、创新性安排，是由向科学与技术创新活动提供融资的政府、企业、市场、社会中介机构等各种主体及其在科技创新融资过程中的行为活动共同组成的一个体系。在青山湖科技城要探索新型金融组织及新型产品，推动金融机构创新信贷产品，重点是知识产权质押贷款。目前国内多省市地区都鼓励企业利用无形资产来进行融资合作，各大商业性银行也对一些信誉度较高的企业发放质押贷款。目前以知识产权质押为中小企业融资的银行发放知识产权贷款一般采用综合授信方式，知识产权按照评估值的一定比例计算在总授信额度中。青山湖科技城可以作为浙江省知识产权质押融资的试点，为知识产权质押融资方式，在全省银行扩大融资规模探索实践经验。

（六）探索企业融资渠道，重点支持科技型企业上市融资

企业的融资渠道包括直接融资和间接融资。其中，直接融资包括上市融资、定向增发和公开增发等，间接融资包括公开债务融资和非公开债务融资。科技型企业一般都属于高成长型，多数是初创期企业。高成长型企业通常以股权融资为主，其长期债务比例和现金红利支付率都非常低。高成长型企业竞争地位的形成或稳定往往需要持续进行技术/产品开发或服务创新投资，融资决策首先不是考虑降低成本的问题，而是考虑如何与企业的经营现金流入风险匹配、保持财务灵活性和良好的资信等级，降低财务危机的可能性。初创期企业往往采用股权管理办法，获得内部股权资本；同时增资扩股，长期债务比例非常低，甚至相当长的时期内无长期债，并且不支付现金红利。在中小企业板和创业板上市融资的方式正适合科技型企业的融资需求，青山湖科技城可以通过专项补贴、奖励的方式支持区域内企业上市并探索各种企业拓展融资渠道的新支持方式。

三、完善青山湖科技城创业投资体系的政策建议

（一）创业投资引导资金根据项目实际投资额进行跟进投资

项目跟进投资分为重点项目跟进投资和一般项目跟进投资。重点项目跟进投资是青山湖创业投资引导资金按创投企业对企业实际投资额的30%以内比例跟进投资，单个项目最高不超过600万元，此外，青山湖创业投资引导资金可以和浙江省创业引导资金与杭州市创业引导资金签订合作协议，浙江省创业引导资金与杭州市创业引导资金再按一定比例同步跟进投资。一般项目跟进投资是政府创业投资引导资金按创投企业对企业实际投资额的30%以内比例跟进投资，单个项目最高不超过300万元，同样由浙江省创业引导资金与临杭州市创业引导资金按一定比例同步跟进投资。

（二）政府通过多种方式为创业投资发展提供支撑与服务

一是浙江省人民政府的浙江创业投资集团在青山湖科技城设立分中心，为资本与项目连接提供服务通道，并提供日常的融资咨询、中介服务、创业辅导，组织风险投资（VC）、私募股权投资（PE）机构与青山湖科技城企业对接，帮助创新项目寻求战略合作者。二是浙江省、临安市各出资2 500万元设立贷款“风险池”，将“风险池”作为引导资金存入合作银行，由合作银行按1∶8比例放大提供信贷支持；引导银行加大信贷支持，对合作银行贷款实际出现的本金损失，“风险池”予以部分风险补偿。三是引进杭州银行科技支行，发挥杭州市、临安市的国有担保公司特别是科技担保公司的作用，为青山湖的创业企业和高科技企业提供知识产权质押、公司股权质押、订单和应收账款质押以及期权回报等创新模式的信贷融资。

（三）建立青山湖科技城建设资金用于科技城建设投入

建设资金初期按照1∶1∶1的比例由省、杭州市、临安市的政府资金共同投入科技城建设和发展，资金额度为20亿元。资金重点用于青山湖科技城的基础设施建设、土地平整、居民拆迁安置等建设过程，之后通过

土地滚动开发和企业缴纳的地方税费对资金进行补充，专用于科技城建设投入。后期建设资金可以使用股权信托、信托贷款等新型融资方式，面向投资者进行募集。

专栏 7-3　案例借鉴：常州高新区运用股权信托、信托贷款等方式筹集建设资金

2009 年，常州高新区利用旗下区域投融资平台常高新集团不断创新建设资金融资方式。常州高新区首次成功运用股权信托方式筹集建设资金。由上海信托设立“常州软件园发展有限公司股权投资单一资金信托”，信托资金用于常州软件园的基础设施建设，常高新集团在信托期限届满时溢价受让上海信托所持常州软件园的股权。此外，常高新集团还获得信托贷款。常高新集团与中融国际信托有限责任公司及招商银行常州分行签约，由招商银行发行理财计划，所募集资金委托中融国际信托设立“商祺 11 号单一资金信托”，向常高新集团发放信托贷款。

（四）加强青山湖科技城的科技金融服务平台建设

整合和优化创新资源，加大青山湖科技城科技研发、技术创新、产业发展等各项财政性资金的统筹支持力度，并积极引进国内外资本投入科技城的建设和发展，充分调动银行、风投机构、证券公司、担保、行业协会、中介机构和企业等各方面的积极性，不断创新企业债融资、信托理财募资、股权信托投资等新金融服务模式，促进科技与金融的有机结合。科技金融服务平台建设包括：一是建立企业信用档案库，以增加中小企业信用信息透明度、降低投融资机构的交易成本和可能面临的信用风险；二是建立企业经营产品数据库、企业技术档案库，以便使投资机构和金融机构清晰地了解企业产品或技术的真实价值和市场前景，快速作出融资的决策；三是推动中小企业投融资制度创新和机制创新，建立有利于分散担保机构风险的区域性再担保体系等；四是政府利用有限的公共财政资金，与投融资机构和信用担保机构业务相结合，充分发挥市场经济体制下的公共财政资金杠杆作用。积极探索适合科技型中小企业的财政支持方式，做好科技型中小企业从初创期到成熟期各发展阶段的融资方式衔接。

第八章 青山湖科技城高端创新人才引进规划研究

一、浙江省人才情况分析

从现有人才的储备总量来看，浙江省是相对薄弱的（图 8-1）。首先，从研发人员数量上来看，2010 年浙江省共有 126 377名研发人员，位居全国第四，这与其在全国经济总量中的位次相当。但是，从研发人员中博士和硕士总量来看，浙江的劣势却非常明显，2010 年为 14 498人，只有北京的 22%，江苏的 57%。由此可见，尽管浙江省的研发人员总量不少，但是人员平均水平相对较弱。

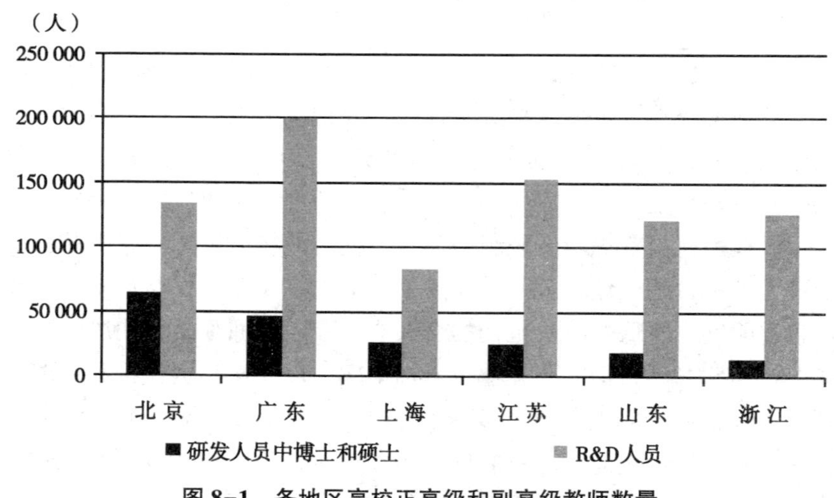

图 8-1 各地区高校正高级和副高级教师数量

（数据源自：国家统计年鉴 2011）

从浙江省高校教师总量看，2010 年，浙江省普通高校拥有正高级和副高级职称的教师总数分别为 6 219人和 14 831人（图 8-2），均只有江苏省的一半左右，两项指标均位居全国第 12 位。该数据充分展示了浙江在高等教育和高层次人才方面严重滞后于其经济发展。

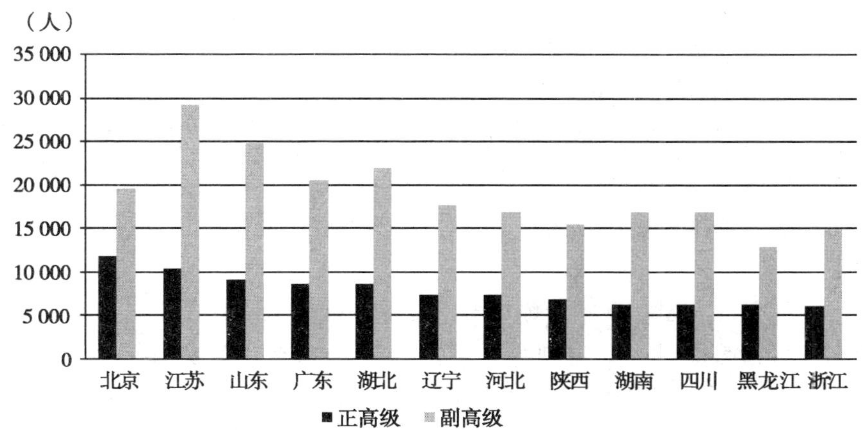

图 8-2　各地区高校正高级和副高级教师数量

（数据源自：国家统计年鉴 2011）

临安市科技人才缺乏更加显著。从 2009 年临安科技人才统计数据看，其科技人员最主要是教育人员，实质就是中小学教师，而科学技术人员总计才 76 人。工程技术人员总量相对较多，但其中高级工程技术人员才 176 人，绝大多数为初级和中级工程技术人员（表 8-1）。

表 8-1　临安市科技人员数（人）

	总计	高级	中级	初级
工程技术人员	8 012	176	2 043	5 793
农业技术人员	713	56	158	499
科学技术人员	76	12	25	39
卫生技术人员	4 145	165	928	3 052
教育人员	10 338	817	4 049	5 472

数据源自：《临安市统计年鉴 2010》

二、青山湖科技城人才引进的整体思路

从浙江省和临安市的人才总量来看，人才缺乏是制约浙江提升创新能

力的关键要素，同时也是青山湖科技城建设与发展中面临的最大挑战之一。因此，切实有效地引进和聚集人才，充分发挥人才作用，是将青山湖科技城建设成为科技资源聚集区和技术创新源头区的关键，是未来联合申请杭西自主创新示范区的基础要件。

在青山湖科技城建设中，要确立人才优先发展的战略导向，按照“引进人才，激发人才、服务人才、成就人才”的思路，构建与区域发展规划相衔接的人才体制机制，大量聚集多类型高端人才，促进各类人才的全面发展，依靠人才智力优势，提升自主创新能力，促进区域创新体系建设与完善。

——引进人才。人才资源是第一资源，只有大量引进各类型人才，才能实现真正的发展。青山湖科技城的建设理念是“生态、智慧、特色、开放”，因此在青山湖科技城建设中，不仅仅要引进科技型人才，还要引进经济管理人才，此外还应该包括高端技术工人和民间手工艺人才。要广开思路，最大程度地“招才引智”，吸引各类人才聚集或在此发挥作用。

——激发人才。人才的作用发挥需要一定的制度环境，引进并聚集一定数量的人才是基础，但要真正发挥人才的作用，关键在于要营造能激发人才创新活力的制度和文化环境。对于青山湖这样一个具备浙商文化优良传统的经济活跃区而言，进一步创造环境充分激发浙商创业创新精神，是制度和环境建设的重中之重。

——服务人才。人才成长和作用的发挥需要优良的服务支撑体系。青山湖科技城要构建便捷、高效、低成本的人才服务体系，为人才的居住生活、教育培训、创新创业提供全面支撑，促进人才资源的可持续发展。

——成就人才。人才工作的核心要本着成就人的目标，充分利用浙江的经济发展优势和产业基础，打造雄厚的物质基础，同时积极推进制度和文化创新，创造“科学民主、宽松包容”的工作环境，为人才提供更为广阔的施展平台和更舒适的制度环境，帮助人才在这里实现理想和抱负，这才是引进人才的“引力之源”。判断人才工作成功与否的标准，不是引进了多少人才，而是成就了多少人才。

三、青山湖科技城人才引进的目标

通过人才引进工作，希望最终达到以下目标。

——智力资源高度密集。通过科研团队的整体引进、海内外各类高层次人才引进，聚集人才，争取到2015年每万名劳动力中研发人员达到100人，提升区域人力资本和科技创新对经济增长和增长方式转变的贡献。

——科技创新高度活跃。构建充分发挥各类型人才业务专长的区域创新体系，加强原始创新、集成创新和引进消化吸收再创新，提升区域创新能力，强化对周边区域创新的辐射带动作用。

——促进周边地区的产业转型升级。长三角地区是我国重要的制造业基地，整体产业层面不高，当前面临着急迫的转型升级任务。通过青山湖科技城人才聚集区建设，积聚智力资源，为区域产业升级提供助力。

——推进重点产业的快速发展。吸引装备制造、新材料等若干重要领域关键人才集聚，掌握这些领域内的核心关键技术，造就一批具有国际竞争力的企业，成为相关重点产业的国家级产业聚集区，引领产业结构的调整，提升经济发展效益。

四、青山湖科技城人才引进工作的主要任务

（一）引进多层次创新人才

——引进高科技领军人才。深入实施“千人计划”“浙江省海鸥计划”“杭州市521计划”“临安区天目计划”等，引进高科技人才，尤其是同产业发展规划相衔接的高端科技人才，力争到2015年从国内外引进100名高科技领军人才，带回一批高科技专利，造就一批高端项目，带动相关产业的跨越式发展。

——引进、培养技术转移人才。在技术转移转化过程中，世界普遍的难题是缺乏既懂技术、又懂管理和经营的技术转化人才，而具有综合能力的人才是提高转移转化效率的关键。为实现青山湖科技城对浙江省和长三角区域的辐射引领作用，应建立专项资金，加大对技术转移转化人才的引进，同时加大对本地区转移转化人才的国际学习和培训，到2015年高级转移转化专业人才总量达到100人。

——引进高技术工人。为提升青山湖科技城的产业基础实力，促进创新能力的提升，要结合产业发展规划，通过建立良好的生产和活动环境，

通过国内招聘和产学联合培养模式，争取到2015年科技城高级技术工人达到10 000名。

——引进民间工艺和文化人才。为挖掘区域文化资源，提升青山湖文化影响力。青山湖科技城应设立文化创意专区，到2015年建立20家“大师工作室”。

——加大对人才团队的吸引。人才团队聚集了更多、更系统的智力资源，同时人才在熟悉的团队中能更好地发挥作用。在人才引进方面，要特别强调对人才团队的吸引，通过提供办公场所、住房以及税收优惠等措施，加大对国内外人才团队的引入，争取到2015年在高端装备制造、新能源、新材料等重点领域从国内外引进10个一流创新团队，提升相关产业核心竞争力和影响力。

（二）多渠道引进和利用人才

——从国外引进一流人才和团队。加强对国外优秀人才的引进工作，争取引进一批国际科技领军人物，带动本地的科研实力快速提升。

——从国内引进一流院所。在国内的人才引进方面，主要着力于院所和团队的整体引进，尤其在科技城建设初期，应尽快打造一个较高水平的科研基地。

——利用浙商网络引进人才。应充分利用浙商的全球网络资源，通过举办同乡会、联谊会，或通过个人关系，引进科技、中介和管理等各类人才。

——人才的区域共同利用和培养。海创园和杭州城区以及周边地区已经聚集了一批优秀人才，要通过人才互聘、访问交流等方式，加强对人才的共同利用。联合海创园共建人才培育基地，重点加强高科技人才、中介服务人才和高级技工的培养。

（三）搭建高层次人才的创新平台

——建设国际一流的科研平台。在装备制造、新材料等相关基础研究领域和重大应用技术领域，以需求为导向、以项目为载体，推动前沿实验室、科学家工作室和高科技企业建设，大力开展前沿技术研究和自主创新活动。结合产业发展规划，支持企业与高校、科研院所联合协作，共建共享，推动相关重点实验室、工程研究中心、工程实验室、企业技术中心建设。

——创建科学民主、宽松包容的创新环境。高风险是科技创新的重要特征，青山湖科技城要建立具有引领地位的创新示范园区，应尝试建立鼓励探索、宽容失败的创新环境。硅谷之所以成为创新者的圣殿，一个重要的原因就是因为硅谷具有高度宽容失败的文化氛围。而这种文化在我国还相当缺乏，因此青山湖可充分利用浙江活跃的创业文化，通过政府设立专项创新资金，每年评选园区十大创意人物等多种形式，构建独特的“敢于尝试、不怕失败”的创新氛围，真正起到“示范”的作用。

——建立激励创新的科研管理机制。建立现代科研院所制度，扩大科研机构的用人自主权和科研经费使用自主权，尝试在人才引进、评价以及院所发展方向上建立国际同行评议制度。强化落实科研人员成果转移的激励奖励，并建立股权、期权、企业年金等多种形式的中长期激励技术转移机制。鼓励高层次人才根据科研工作需要，在企业、高校、科研院所之间合理流动。

（四）建立高端人才短期工作和交流机制

——聘请高端人才短期工作和交流。对于不能引入本地的高端人才，设立专项，鼓励当地研究所和大学聘请他们为特聘客座教授，也可由政府聘请为产业顾问等，邀请到当地进行短期研究，指导当期技术研发和产业发展，以实现“不为所有，但为所用”。

——建立外部专家网络指导平台。对于海内外无法引入本地的重要专家，应由政府、当地研究所和企业共同搭建网络平台，在重大项目论证、技术研发等关键环节，邀请外部专家通过网络进行指导。

（五）完善高层次人才发展的服务体系

——创新人才发展体制机制。集成“千人计划”“浙江省海鸥计划”“杭州市521计划”“临安区天目计划”等政策资源，加大对高层次人才发展的扶持力度。建立健全以品德、能力、贡献、业绩为导向的人才评价体系，完善人才评价机制。完善股权激励机制，进一步形成有利于人才创新创业的分配制度和激励机制。健全完善人才吸引、培养、使用、流动和激励机制，发展人才的公共服务体系。加强知识产权行政与司法保护，支持企业开展品牌培育和自律活动。吸引聚集一批国内外知名的人才中介机构，健全专业化、国际化的人才市场服务体系。

——优化人才的发展环境。成立专门的服务机构，研究制定特殊办法，在担任领导职务、承担科技重大项目、申请千人计划、参与国家标准制订、申报政府科技奖励等方面，为人才提供良好条件和服务支持。建立高层次人才的档案制度，制定日常联系服务办法，建立跟踪服务和沟通反馈机制，解决他们工作和生活中的困难。协同杭州市研究制定实现教育、医疗、社会保险等方面同城待遇的办法和政策措施。在企业注册、创业融资等方面，为人才提供有针对性的服务。在子女教育方面，配套建设双语幼儿园和国际学校。在医疗方面，要建立从社区到杭州市整体的医疗服务体系。在住房方面，通过建立“人才公寓”“专家公寓”等形式建立适合多层次人才居住的住房配套体系。在配偶就业方面，临安市和杭州市协调推荐就业岗位。

第九章　青山湖科技城管理与运行机制研究

根据青山湖科技城建设的实际情况和资源状况，建议在浙江省、杭州市及临安市三级党委和政府的领导下，成立青山湖科技城管理委员会，建立“封闭式管理，开放式运行”的管理体制和高效统一的运行机制。将来，在青山湖科技城发展到一定程度后，应逐渐将管委会管理体制独立化。同时，当科技城的建设和运行相对完善后，可引入科研机构、大学、企业、银行、基金会和其他机构来共同参与园区的管理与服务，构建起政府与民间机构共同发挥作用的管理模式和“政府引导发展、市场配置资源”的互动互促机制。

一、青山湖科技城管理框架结构

在管理架构上，青山湖科技城实现三级管理，第一个层级是浙江省青山湖科技城建设领导小组，第二个层级是杭州城西科创产业集聚区管理委员会，第三个层级是青山科技城管理委员会。其中，浙江省青山湖科技城建设领导小组负责对青山湖科技城建设过程中各个省直部门及地方政府的相关事项进行统筹和协调；杭州城西科创产业集聚区管理委员会主要负责对余杭区海创园和青山湖科技城的组织领导和统筹协调，研究决定和协调产业集聚区建设的重大事项，对产业集聚区两基地建设进行统一考核。余杭区海创园管委会和青山湖科技城管委会主任兼任产业集聚区管委会副主任，具体如下图所示。

青山湖科技城管委会作为杭州市政府的派出机构，设立一级政府机关，负责青山湖科技城日常事务管理，在科技城内行使管理权限。管委会主任（正处）由临安市市长兼任，便于协调管委会同临安市直有关部门之间的关系，并对科技城重大问题进行决策，解决科技城建设和发展中面临的体制、管理、资金、项目等重大问题。与此同时，在管委会下面建立

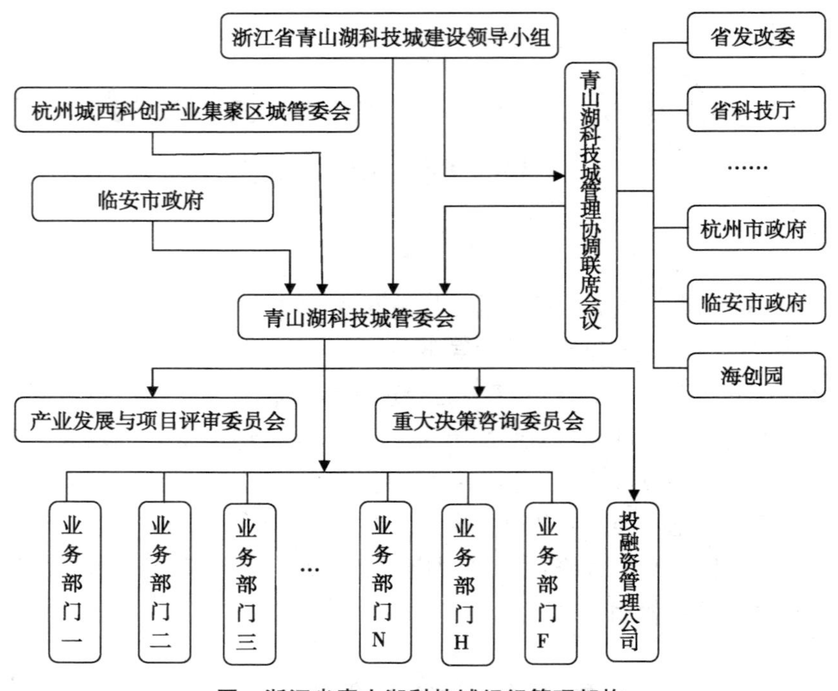

图　浙江省青山湖科技城组织管理架构

科技城重大决策咨询委员会和产业发展与项目评审专家委员会。两个委员会的成员来源于国内外相关领域的知名学者、政府官员和企业家，也包括入城企业和科研机构的领军人才，以及海外的高层人才。其中，重大决策咨询委员会负责对科技城经济社会的发展战略和重大事项提供咨询建议；产业发展与项目评审专家委员会负责对入城产业和项目进行咨询、评估和鉴定。

按照“自我筹资、自我建设、自我运营、自我还贷”的模式，和“政府引导、市场化运作、企业化经营、规范化管理”的经营理念，在青山湖科技城管委会下建立青山湖科技城建设投融资管理有限公司，负责青山湖科技城内的土地综合开发、基础设施建设和相关项目运营。其具体职责是：经政府授权开展科技城土地一级开发利用、国有资产运营管理、城市基础设施建设、资本运营、房产经营开发等业务，着力打造城建、金融、房地产开发经营、资产经营与管理、城市道路交通五大板块，确保青山湖科技城建设资金自求平衡。

二、青山湖科技城管理职能划分

（一）浙江省青山湖科技城建设领导小组

建立浙江省青山湖科技城建设领导小组，由浙江省分管科技工作的省领导担领导小组组长，成员包括杭州市政府、临安市政府和与青山湖科技城建设相关的各个省直部门及相关单位负责人；办公室设在浙江省科技厅，由科技厅厅长任办公室主任。领导小组专门负责就青山湖科技城建设过程中涉及到各个省直部门及地方政府的相关事项进行统筹和协调，研究部署青山湖科技城建设的重大战略决策。

（二）杭州城西科创产业集聚区的管理职能

由杭州城西科创产业集聚区管理委员会统一配置落实产业集聚区内的土地要素指标、基本农田布局和耕地占补平衡，做好总体规划与专项规划、专项规划与专项规划之间的引导、协调和衔接工作。统筹安排产业集聚区内的重大基础设施，做好跨行政区域的基础设施衔接，协调好相应建设费用的分头落实，确保共建共享。

（三）临安市政府对青山湖科技城的管理职能

为了提高青山湖科技城的管理运行效率，临安市直有关部门应将一些必要的行政管理权限，特别是规划、建设、土地、工商等方面的权力真正下放，建立起统一、高效的运行机制，使管委会对产业发展、基础设施建设等重大决策的权力得以真正落实，做到决策中心一元化，坚决避免出现“政出多门，竞相收费”的现象。对此，临安市规划、国土、建设、工商、环保等部门可在产业集聚区设立分局，并授予区（县、市）级权限；或者由相关部门授权科技城设置相应的部门，通过建章盖章的办法，承担相应职能。

（四）青山湖科技城管委会的职能

在组织结构上，青山湖科技城管委会下设相应的职能部门、直属机构和特设机构，具体负责科技城的日常管理和运营，实行一条龙办事模式的高效体制。在职能划分上，青山湖科技城管委会具体负责科技城总体规划、项目审批、经济开发，招商引资、房地产开发、人事管理、户籍管理等职能。当前，应着力从以下方面强化青山湖科技城管委会的职能与权限。

（1）授予科技城相应的行政审批权和管理权。给予青山湖科技城管委会对所辖区域土地、税收、人事权、财权和审批权以及党的建设、经济社会发展等全面的管理权限，建立“撤镇建街、以城带街”的委托管理机制。同时，要在青山湖科技城内建立行政服务中心，集中办理入园企业和科研机构的注册登记、人事关系等各种相关手续，推进一站式的服务，做到办事不出园；建立重大项目的绿色通道，提供全天候服务和专人服务。

（2）创新青山湖科技城财税管理体制。为了促进青山湖科技城的发展和运行，建立统分结合、单独结算的财政管理体制，上级财政返还和补助资金先统一进入专户，再按实际比例定期返还开发建设主体。涉及到税费、土地出让金、有关的规费，按照资金自求平衡的原则，确定合理比例，临安市政府让利给科技城，使其能持续运转。

（3）转变管理职能，提高服务质量。为适应市场经济发展的要求，科技城管委会实行宽松的管理，主要以服务为主，为科技城内的大学、企业、科研机构等提供各种政策咨询、项目审批和事务办理，以及中介服务、风险投资服务、事业性服务等各种人性化的社会服务，降低入城企业、大学和科研机构等的运行成本。

三、青山湖科技城统筹协调与发展运营机制分析

（一）建立青山湖科技城与杭州市、临安市和余杭区未来科技城管理协调机制

当前，青山湖科技城面临一个最重要的问题是“多头领导”，难以协调和平衡各方利益，不利于青山湖科技城高效运行和良性发展。对此，除杭州城西科创产业集聚区管委会以外，建议：一是在浙江省青山湖科技城建设领导小组下面设立青山湖科技城管理协调联席会议，成员单位包括浙

江省各个省直部门、杭州城西科创产业集聚区管委会、临安市政府、余杭区未来科技城管委会及其他相关部门组成。建立联席会议定期会议制度，一个季度召开一次会议，研究和商讨青山湖科技城建设中遇到的重大事项和关键性问题，并提出解决方案；统筹协调青山湖科技城同杭州市、临安市和余杭区未来科技城等相关部门和地方的利益关系，对青山湖和余杭基地建设进行统筹。由浙江省青山湖科技城建设领导小组办公室（科技厅）作为具体的执行机构，就联席会议或领导小组形成的重要决议及其执行情况进行部署、检查和落实。二是指导成立青山湖科技城项目审批协调机构，如市政府土地联系协调会议等，简化入园企业和科研机构各种审批制度。

（二）建立入城企业、科研机构准入与退出机制

首先，要严格控制入园的企业、事业和从业人员的标准和范围。申请入园的企业和科研机构，必须先将其投资计划，产品、技术、资金成份以及生产和质量控制计划、市场销售计划、公司组织和财务状况等资料送交科技城管委会相关部门，然后管委会根据申请书召集有关专家进行审查。经审核批准后，才能入园办企业或事业。其次，为确保科技城发展战略的实现，对入城企业和科研机构的后期项目建设与产业开发进行全过程管理，对不按入城要求进行项目建设和产业开发的企业、科研机构和大学等，实行严格的淘汰与退出机制。对严重不完成投资计划者，则撤销其投资案、令其迁出科技城。

（三）建立园区科技资源统筹与共享机制

引入科技中介服务机构，在科技城建立产权交易中心、技术转移市场、成果转化平台等，降低技术交易的成本和风险，逐步形成成果转移的品牌和洼地。同时，在青山湖科技城创新基地板块，建立大型科学仪器设备、信息数据和网络基础设施等共享开放研发创新平台；在中试、测试、检测方面搭建科技创新公共服务平台，统筹和整合各种层面的科技资源。

（四）建立完善的考核评价与监督机制

建立科技城发展运营管理考核评价指标体系，在对引进项目的建设运营、土地用途、税收缴纳及节能环保等各方面进行系统评估的同时，也对

整个科技城建设发展的管理、运营和进程、质量及效益进行全面评估，通过定期和不定期的考核，优化科技城的行政服务效率和管理水平。

附　武汉东湖新技术开发区行政管理体制介绍

1. 武汉东湖新技术开发区的行政体制及职能

1988年12月，经中共武汉市委批准，正式建立武汉东湖新技术开发区，同时成立管理办公室，为武汉市正局级单位。2001年11月，武汉市委市政府确定了中共武汉市委武汉东湖新技术开发区工作委员会、武汉东湖新技术开发区管理委员会职能配置、内设机构和人员编制情况，明确武汉东湖新技术开发区管理委员会作为市政府的派出机构，受市政府委托，对开发区实行统一管理，其主要职能是：贯彻实施有关法律、法规、规章和省、市政府的有关规定，依法制定开发区行政管理规定。按照武汉市城市总体规划和高新技术产业发展规划确定的原则和要求，制定开发区高新技术产业发展规划，协同城市规划管理部门编制开发区发展规划和计划，报市政府批准后组织实施。按照国家和省、市的要求，负责武汉国家光电子信息产业基地建设工作。受省、市政府委托，负责武汉国家农业科技园区的开发和建设工作；按照有关规定和委托权限，审批开发区高新技术投资项目和高新技术企业，依法管理开发区的企业，保障其依法自主经营，审批开发区高新技术产业建设工程及其配套工程项目，对开发区内的土地、规划、建设、房产等事项进行管理，负责托管区域的管理工作。负责开发区内有关城市管理执法工作，依法管理开发区的劳动、人事等事务，负责开发区高新技术产业和高新技术企业的统计工作。按规定权限管理开发区的进出口业务，处理或协助处理开发区的涉外事务；指导、协调国家和省、市有关部门设在开发区的派出机构或分支机构的工作。完成市政府交办的其他任务。

2010年3月，省编办研究并报中央编委批准，同意武汉东湖新技术开发区管理委员会为湖北省政府派出机构，委托武汉市管理，机构规格为正厅级；人员编制由武汉市编委核定。

2. 武汉东湖新技术开发区的市级经济管理权限

武汉东湖新技术开发区是没有实行封闭管理的开发区，从1999年开始先后经过五次托管，区域面积由最初的24平方千米增至518平方千米。托管不涉及行政区划的调整，除托管区域的人大代表、政协委员选举及其参政议政活动仍由原行政区负责外，其他工作整体移交武汉东湖新技术开发区管委会，包括基层党组织、街（镇）政权组织、群团组织、社区委员会以及村委会分别移交武汉东湖新技术开发区党工委、管委会管理，托管区域的市场监管、社会管理、公共服务、农村经济建设和司法工作等，移交武汉东湖新技术开发区管委会管理。托管后的利益关系，由武汉东湖新技术开发区财政部门统一征收管理，并按照互利共赢原则，采取“分段基数增长法”相应调整财税利益分配关系。

武汉东湖新技术开发区管委会根据市政府授权，依法履行管理职能，加强与省市直部门的联系和协调，不断加快武汉东湖新技术开发区建设。目前，武汉东湖新技术开发区在部门领域享受市级管理权限，实施各项管理职能。

3. 武汉东湖新技术开发区的决策机制

武汉东湖新技术开发区内重大事项通过主任办公会议、主任会议、专题会议、党工委会议四种方式进行决策。其中，党工委会议由武汉东湖新技术开发区党工委书记组织召开，党工委副书记、委员参加，定期召开，主要决策内容涉及人员调整、职务变动、机构调整、组织建设等方面。主任会议由武汉东湖新技术开发区党工委书记组织召开，党工委、管委会全体领导参加，各相关部门负责人列席，原则上每周召开一次，主要决策内容涉及与武汉东湖新技术开发区经济社会发展息息相关的产业发展、招商引资、社会管理、国有资产变更、政策出台、土地、金融、财政等工作。主任办公会议由武汉东湖新技术开发区党工委书记组织召开，党工委、管委会全体领导和各相关部门、单位负责人参加，主要传达省、市重要文件精神，通报当前重大形势或任务，部署节假日相关工作等。专题会议由主要领导和分管领导召集，分管领导和有关部门负责人参加，根据管委会主要领导或主任会的要求，就某一个专门的议题，研究推进相关事宜。

第十章　青山湖科技城创新政策体系研究

一、临安市与科技城现有政策与措施

近些年，临安市围绕提升全市科技创新能力和科技城建设，出台了一系列的政策与措施，主要包括 3 个方面。

第一，创新平台建设方面。青山湖科技城正在加快建设，市科技孵化中心被认定为国家高新技术创业服务中心，成功创建了国家火炬计划电线电缆特色产业基地，省级绿色照明、重型装备制造特色产业基地；电线电缆、装饰材料、绿色照明、环保涂料、精密元器件 5 个行业研发中心进入深度建设。

第二，政产学研合作方面。启动了“天目彩虹”引智工程，充分发挥杭州市领导联系的科技人员“智力库、创新源、人才泵”等三大优势，累计到临安实地指导服务 200 多人次。

第三，政策法规方面。“十一五”以来，临安出台了《临安市专利专项资金管理办法》《临安市人民政府关于增强工业企业科技自主创新能力的若干意见》《临安市专利权质押贷款实施意见》等一系列科技创新政策。贯彻国家《企业研究开发费用税前扣除管理办法》。

二、创新政策需求分析

目前，临安市科技与创新实力已经具备一定的基础，但从区域比较和经济社会发展的需求看，科技资源相对薄弱，高新技术产业发展相对滞后，高层次创新人才严重不足，科技基础设施支撑能力有待增强，科技投入不能有效满足创新需求。

未来，青山湖科技城要建设成为支撑引领浙江以及长三角地区经济社会发展的科技资源集聚区、技术创新源头区、高新企业孵化区、低碳经济示范区，也就是要构造一个以研发为核心，集创业、创新与高端产业发展为一体，并具有较强辐射引领能力的特色区域创新体系。

从已有条件和未来发展目标看，青山湖科技城在资源和环境方面存在诸多不足，亟需强化创新政策体系建设，构建政策相对优势，由此才能真正推进区域创新体系的发展与完善。基于创新体系理论，科技城创新政策体系有以下 4 方面的需求。

第一，创新主体引进和促进主体能力提升的政策。从创新系统理论可知，要构建完备的创新体系，首先要有类别齐全，功能完备的创新主体，主要包括科研院所和企业，同时这些主体需要有较高的能力。尽管青山湖科技城已经初步引进了一些院所，同时在某些产业也具备了一定的基础，但是目前无论是科研实力，还是产业能力都比较薄弱。因此，未来在政策体系建设上，首先制定创新主体引进政策，吸引一流创新主体入驻科技城，构成创新体系的基本构架。同时，通过制度环境的优化，促进各主体创新能力提升，包括企业创新能力促进政策、院所能力促进政策。

第二，促进创新主体关联的政策。创新体系理论最大的启示在于，创新需要在各主体之间的互动与关联中完成，创新体系效能同主体之间的关联度呈强正相关关系。因此，在科技城创新政策体系建设中，需要构建促进官、产、学、研、用互动的政策体系，主要包括产学研合作政策、科技中介服务政策、技术转移转化政策等。

第三，创新环境建设与优化政策。科技城全国遍地开花，但是大多都绩效平平，一个共同性的问题是缺乏长远的制度优化设计，创新环境建设不足，无法从深层次上激发创新活力，由此也就难以获得核心竞争力。青山湖科技城要实现可持续发展，需要在科技城建设之初，就立足长远，构建有利于激发创新的整体环境，既包括硬环境建设，也包括软环境建设。鉴于当前经济和社会发展形势，青山湖科技城创新环境建设政策体系包括创新基础设施建设政策与措施、创新制度与文化环境建设政策。

第四，促进科技城创新体系协同政策。科技城位于经济活跃的长三角，周边有两大强势科技园区——张江和东湖自主创新示范区。科技城的面积和体量有限，仅靠青山湖本身，估计很难实现对长三角的辐射与引领，因此如何实现同周边区域创新体系的协同，既推动自己的科技资源向外开发，同时又能有效利用外部科技资源，构建以青山湖为重要辐射点的创新网络体系，是实现辐射引领功能的现实政策选择。

三、创新政策体系的主要内容

基于以上政策需求分析，青山湖科技城创新政策体系主要包括四部分，即创新主体政策、创新关联政策、创新环境政策、创新体系协同政策，具体见下表。

表　青山湖科技城的创新政策体系主要内容

政策类别	政策内容
创新主体政策	主体引进与培育政策 主体能力促进政策
创新关联政策	产学研合作政策 科技中介服务体系政策 技术转移转化政策
创新环境政策	硬件条件建设政策 创投政策 知识产权保护政策 人才服务政策
创新体系协同政策	协同创新政策

（一）创新主体政策

1. 主体引进政策

——院所引进政策：整合现有政策资源，明确院所引进标准，重点加强对高端装备制造、新能源、新材料等重点领域国内外一流院所和领军人才的引进，争取到2015年一流院所达到20家，高技术领军人才达到100名。

——企业引进政策：实施企业引进计划重点集聚一批企业总部，初步形成环青山湖总部经济带，到2015年企业总部数量达到20家。

2. 促进主体能力提升政策

（1）促进企业创新能力提升的政策。

——全面落实现有各级政府关于促进企业研发、成果转化以及设备更新等各项税收优惠政策。

——向国务院申请试点政策。扩大“加计扣除”的范围，将企业为研发人员缴纳的“五险一金”、医药企业发生的临床试验费等列入“加计扣除”范围；将职工教育经费税前扣除比例由 2.5%提高到 8%，且超过部分准予在以后纳税年度结转；对以股份或出资比例等股权形式给予本企业相关技术人员的奖励，技术人员可在五年内分期缴纳个人所得税。

——对建立研发机构的企业在项目申请和税收上给予优惠，鼓励企业建立并做大做强研发机构。

——试点创新券政策。浙江省和临安市共同设立创新券计划，给浙江省中小企业发放创新券，用于支持中小企业购买科技城研究院所的科技成果，促进院所在青山湖聚集。

（2）促进院所创新能力提升的政策。

——改革科研院所管理制度，建立现代院所制度。扩大科研机构的用人和科研经费自主权；在科研人才的聘用和评价，以及院所发展方向上建立国际同行评议制度。

——建立兼顾学术和创新绩效的综合评价体系，强化对创新型人才的激励。

——改革人事管理制度，鼓励高层次人才根据科研工作需要，在企业、高校、科研院所之间合理流动。

——研究制定放宽科研人员国际交流政策，取消学术出国交流次数限制。

——设立院所奖励资金，对产学研合作、产业技术研发和技术转移等方面有重大贡献的科研院所进行表彰和奖励。

——加大对科技城的科技扶持。浙江省科技计划应适当向科技城倾斜，并结合科技城产业规划和科研需求，设置专项科技计划。

专栏 10-1 现代科研院所的成功范例——北京生命科学研究所

建立北京生命科学研究所（NIBS）是我国政府在发展生命科学技术领域的重要战略之一。经过 5 年运行，研究水平跻身国内前列，发表了数篇国际一流的基础研究论文，具有了相当的国际影响，为我国在前沿科学领域赶超世界先进水平探索出了一条新路。

NIBS 实行理事会领导下的所长负责制。理事会是 NIBS 的决策机构，由北京市政府和国家 8 个部委成员共同组成，每届理事会任期 3 年。NIBS 所长的聘任实行国际公开招聘，由理事会聘任，科技部批准所长任职资格。科学指导委员会是 NIBS 的学术咨询机构，每届任期为

3 年，首届科学指导委员会由包括 10 位诺贝尔奖得主在内的 24 位国内外知名科学家组成，其主要任务是对研究所所长进行聘任前的学术评估，对研究所的研究工作做出评估，并提出建议。

北京市、科技部等部门为研究所建立了长期的经费保障机制，负责具体实施和提供主要的资金。NIBS 给每个实验室配套了足额的科研经费，并在仪器采购、日常生活方面提供尽量多的帮助，让科研人员不用再为要项目、拉经费、发论文等事务性工作操心。虽然依托于北京市政府和科技部，NIBS 却不受行政干扰。

为了给科学家创造充分宽松的学术空间，NIBS 在基础设施、科研设备、科研人才等具备“国际一流”标准的同时，采用与国际接轨的管理和运行机制。实验室和科研辅助中心构成 NIBS 科学研究工作的主体。其中实验室为基本单位。实验室主任采取国际公开招聘的制度，聘期 5 年，任职到期，由科学指导委员会匿名评估，决定去留。

NIBS 采用国际同行的评价标准，没有量化指标，也不搞年度考核，实验室主任在合同期内也没有任何行政长官意志和考核评比的干扰。按照国际惯例，NIBS 先后多次面向全球公开招聘优秀人才。每位入选者都经过严格遴选，而且必须是真正站在科研前沿的生物学家。NIBS 对科研人员和实验室主任的评价不看论文篇数，而是看是否有前景，是否达到国际一流水平。

（二）创新关联政策

1. 产学研相关政策

——推动建立由企业、高校、科研机构共同参与的技术创新联盟，完善联盟管理和运作机制。

——建立产学研合作专项资金，推动和鼓励企业同大学和科研院所进行联合技术研发，共建实验室、工程中心和研发基地等多种形式的合作。

2. 科技中介相关政策

——设立产业化发展资金，以加快科研基础条件建设，并推进科技成果中试、技术转移服务、科技创业服务和集智四大创新平台建设。

——设立法律服务中心，核心要加强知识产权、金融风险等方面的法律服务。

3. 转移转化政策

——完善技术转移收益的利益分配机制，国家资助的科研成果转化所得收益，按国家、院所和个人 1∶1∶1 的比例分配。

——组织开展高端装备制造、新能源、新材料等领域成果转化专项工程，建设一批国家级的高技术产业基地。

——实施新材料、新能源等重点领域的产业化示范工程，促进战略性新兴产业的培育和发展。

（三）创新环境政策

1. 硬件条件建设政策与措施

——加快科技交通体系建设和高星级酒店等配套设施建设，重点确保 5 号线轻轨在 2015 年前开通。

——构建一流的信息网络，以光纤通信为基础，在科技城内建立起一个数字化信息的“高速公路网络”，建设 3G 和 WiFi 无限宽带全覆盖网络。

2. 创投政策

——设立青山湖创业投资引导资金，按创投企业对企业实际投资额 30%以内的比例跟进投资。同时，浙江省创业引导资金与杭州市创业引导资金再按一定比例同步跟进投资。

——政府通过多种方式为创业投资发展提供支撑与服务。一是浙江创业投资集团在青山湖科技城设立分中心，为资本与项目连接提供服务通道。二是浙江省、临安市各出资 2 500万元设立贷款“风险池”，将“风险池”作为引导资金存入合作银行，由合作银行按 1∶8 比例放大提供信贷支持。三是引入杭州银行科技支行以及杭州市、临安市的国有担保公司特别是科技担保公司。

——建立青山湖科技城建设资金，用于科技城建设和发展。建设资金初期按照 1∶1∶1 的比例由省、杭州市、临安市的政府资金共同投入，资金额度为 20 亿元。

专栏 10-2 案例：常州高新区运用股权信托、信托贷款等方式筹集建设资金

2009 年，常州高新区利用旗下区域投融资平台常高新集团不断创新建设资金融资方式。常州高新区首次成功运用股权信托方式筹集建设资金。由上海信托设立“常州软件园发展有限公司股权投资单一资金信托”，信托资金用于常州软件园的基础设施建设，常高新集团在信托期限届满时溢价受让上海信托所持常州软件园的股权。此外，常高新集团还获得信托贷款。常高新集团与中融国际信托有限责任公司及招商银行常州分行签约，由招商银行发行理财计划，所募集资金委托中融国际信托设立“商祺11号单一资金信托”，向常高新集团发放信托贷款。

3. 知识产权保护、转让和交易政策

——完善知识产权保护工作体系，加强知识产权的行政保护与司法保护，有效维护科技创新主体的合法权益。

——完善知识产权中介服务体系，加强知识产权的申请代理、评估投资、推广应用、信息检索咨询、纠纷代理和服务体系建设，促进市场对知识产权资源的优化配置。

4. 人才服务政策

——建立人才服务平台，统一协调组织人才引进、入驻手续和生活设施等相关事宜。在人才的子女教育方面，协调省里一流中小学在本地建立分校；在住房和购房方面，制定特殊优惠政策；在医疗方面，建立从科技城到临安市再到杭州市的人才医疗服务保障体系。

（四）创新体系开放交流政策

——建立同海创园（未来城）的人才交流和培育机制。目前，海创园已经吸引了一部分高端人才，鼓励科技城研发单位聘请海创园高端人才为客座研究员或顾问，加强人才流动。联合海创园共建人才培育基地，重点加强高科技人才、中介服务人才和高级技工的培养。

——建立同中关村、张江和东湖等国家自主创新示范区的政策交流。目前，3个示范园区政策密集调研示范政策的效果，青山湖科技城应积极参与或列席讨论会，获得政策信息，以便更好地完善科技城政策体系。

——开展多种形式的宣传与交流活动。例如，开展“环青山湖国际长跑大赛”“大师工作室成就展”“青山湖科技与人文摄影大赛”等，加大科技城知名度。

第三篇　调研报告

第十一章　中关村国家自主创新示范区主要政策调研报告

2009年，国务院批复同意建设中关村国家自主创新示范区。目前，中关村示范区的政策体系，主要包括两大部分，即“1+6”系列政策和人才特区政策。

一、中关村“1+6”系列政策

2010年底，国务院同意了中关村“1+6”的鼓励科技创新和产业化的系列先行先试改革新政策，“1”是指搭建首都创新资源平台，“6”是在中关村深化实施先行先试改革的6条新政策。

（一）搭建首都创新资源平台

首都创新资源平台由国家有关部门和北京市共同组建，重在进一步整合首都高等院校、科研院所、中央企业、高科技企业等创新资源，采取特事特办、跨层级联合审批模式，落实国务院同意的各项先行先试改革政策。

平台下设重大科技成果产业化项目审批联席会议办公室、科技金融工作组、人才工作组、新技术新产品政府采购和应用推广工作组、政策先行先试工作组、规划建设工作组等6个具体办事机构，由来自19个国家委的有关负责同志和北京市29个部门的工作人员参加，采取一条龙服的方式，集中办理股权激励试点、重大科技成果产业化项目等为高新技术企业和其他创新主体服务的有关事项。

（二）在中关村深化实施先行先试改革的6条新政策

1. 中央级事业单位科技成果处置和收益权改革试点政策

新政要点：①中央级事业单位科技成果处置是指中央级事业单位对其

拥有的科技成果进行转让或注销产权的行为，包括无偿划转、对外捐赠、出售、转让等。②一次性处置单位价值或批量价值800万元人民币以下的科技成果，由中央级事业单位自主处置，报财政部备案；800万元以上的由所在单位经主管部门审核同意后报财政部审批。

相关政策文件：《关于在中关村国家自主创新示范区试行中央级事业单位科技成果处置权和收益权的补充规定》（财教〔2011〕18号）；《中央级事业单位国有资产处置管理暂行办法》（财教〔2009〕192号）；《中央级事业单位国有资产处置管理暂行方法》（财教〔2008〕495号）；《中央级事业单位国有资产管理暂行办法》（财教〔2008〕13号）。

2. 税收优惠试点政策

新政要点：①将企业为研发人员缴纳的“五险一金”、医药企业发生的临床试验费等列入“加计扣除”范围。②将职工教育经费税前扣除比例由2.5%提高到8%，且超过部分准予在以后纳税年度结转。③对以股份或出资比例等股权形式给予本企业相关技术人员的奖励，技术人员可在五年内分期缴纳个人所得税。

相关政策文件：《关于贯彻落实国家支持中关村科技园区建设国家自主创新示范区试点税收政策的通知》（京财税〔2010〕2948号）；《对中关村科技园区建设国家自主创新示范区有关研究开发费用加计扣除试点政策的通知》（财税〔2010〕81号）；《对中关村科技园区建设国家自主创新示范区有关职工教育经费税前扣除试点政策的通知》（财税〔2010〕82号）；《对中关村科技园区建设国家自主创新示范区有关股权奖励个人所得税试点政策的通知》（财税〔2010〕83号）。

3. 股权激励试点政策

新政要点：①明确了中央级事业单位全资与控股企业股权和分红激励方案的审批主体及程序、审批时限等。②教育部（财务司、科技发展中心）、工信部（财务司）、中科院（计划财务局）等主管部门、机构按照资产管理权属负责审批。企业股权和分红激励方案申报前，应由中央级事业单位审核通过。③主管部门自受理方案之日起20个工作日内，提出书面审定意见，符合条件的形成审批文件，正式行文批复。

相关政策文件：《中关村国家自主创新示范区企业股权和分红激励实施办法》（财企〔2010〕8号）；《中关村国家自主创新示范区市属单位股权激励改革试点工作实施意见》（中示区组发〔2010〕17号）；《中关村

国家自主创新示范区企业股权激励登记试行办法》（京工商发〔2010〕94号）；《关于进一步推进中关村国家自主创新示范区股权激励试点工作的通知》（中示区组发〔2010〕24号）；《财政部科技部关于〈中关村国家自主创新示范区企业股权和分红激励实施办法〉的补充通知》（财企〔2011〕1号）。

4. 科研经费管理改革试点政策

新政要点：①开展间接费用补偿机制试点。在总结科技重大专项列支间接费用经验的基础上，对试点项目中相关国家科技计划项目实行间接费用补偿机制。②开展科研项目经费分阶段拨付试点。根据项目实施进度和关键节点任务完成情况进行分阶段拨款。③开展科研项目后补助试点。对于具有明确的、可考核目标的项目实行后补助支持方式，在项目完成并取得相应成果后，按规定程序进行审核、评估或验收后给予后补助。④开展增加科研单位经费使用自主权试点。完善试点项目中相关国家科技计划项目预算调整程序，适当扩大科研单位在项目内部各项费用间预算调整的权限，增加经费使用自主权。

相关政策文件：《民口科技重大专项资金管理暂行办法》（财教〔2009〕218号）；《中关村国家自主创新示范区科技重大专项项目（课题）经费间接费用列支管理办法（试行）》（中示区组发〔2010〕15号）；《中关村国家自主创新示范区科技重大专项项目资金试点管理办法》（中示区组发〔2010〕16号）；《关于在中关村国家自主创新示范区开展科研项目经费管理改革试点的意见》（财教〔2011〕20号）。

5. 高新技术企业认定试点政策

新政要点：对示范区高新技术企业认定的条件和程序进行了补充和调整。①没有取得专利的企业，可以以企业技术秘密参加认定，并结合中关村实际，扩大技术领域范围；②新创办的企业可以参加认定，第一年不享受税收优惠，其他高新技术企业优惠政策均可享受；③取消技术专家对企业成长性与科技成果转化能力的评价，保留对核心自主知识产权和科研开发组织管理水平的评价。

相关政策文件：《关于印发〈高新技术企业认定管理办法〉的通知》（国科发〔2008〕172号）；《关于中关村国家自主创新示范区有关高新技术企业的认定管理试点工作的通知》。

6. 建设全国场外交易市场试点政策

关于在中关村代办股份报价转让试点基础上，建立统一监管下的全国场外交易市场，将由证监会另行研究提出意见。

二、中关村建设人才特区的政策

2011 年 3 月，中组部等 15 个国家部委联合颁布了《关于中关村国家自主创新示范区建设人才特区的若干意见》，明确提出为支持人才特区建设实施以下 13 项特殊政策。

（1）重大项目布局。根据《国家中长期科学和技术发展规划纲要（2006—2020 年）》和《国民经济与社会发展第十二个五年规划纲要》，在人才特区布局和优先支持一批国家科技重大专项、重大科技基础设施、战略性新兴产业重大工程和项目。

（2）境外股权和返程投资。推动投资便利化，简化人才特区企业员工直接持有境外关联公司股权以及离岸公司在人才特区进行返程投资的有关审批手续，研究相关支持措施。

（3）结汇。进一步改进人才特区外商投资企业管理，简化外汇资本金结汇手续。

（4）科技经费使用。承担国家民口科技重大专项的高校、科研院所、企业等单位，可在项目（课题）直接费用扣除设备购置费和基本建设费后，按照一般不超过 13%的比例列支间接经费。

（5）进口税收。人才特区内符合现行政策规定的企业与科研机构，在合理数量范围内进口境内不能生产或性能不能满足需要的科研、教学物品，免征进口关税和进口环节增值税、消费税。高层次留学人员和海外科技专家来华工作，进境合理数量的生活自用物品，按照引进海外高层次人才的现行政策执行。

（6）人才培养。支持人才特区内具有博士和硕士学位授予权的高校、科研机构，聘任其他企业或科研机构具备条件和水平的高层次人才担任研究生兼职导师，联合培养研究生。对人才特区内与企业、科研机构开展联合培养工作的招生单位，在招生计划方面予以适当的支持和倾斜。鼓励研究生到兼职导师所在的企业和科研机构实践、实习。支持人才特区内由高层次人才创办的或与高校、科研机构联办的企业及科研机构，在重点领域设置博士后科研工作站。

（7）兼职。人才特区内高校教师、科研院所研究人员可以创办企业或到企业兼职，开展科研项目转化的研究攻关，享受股权激励政策；在项目转化周期内，个人身份和职称保持不变。企业专业技术人员可以到高校兼职，从事专业教学或开展科研课题研究。

（8）居留和出入境。按照国家有关规定和程序，可为符合条件的外籍高层次人才及其随迁外籍配偶和未满 18 周岁未婚子女办理《外国人永久居留证》。对于尚未获得《外国人永久居留证》的高层次人才及其配偶和未满 18 周岁子女，需多次临时出入境的，为其办理 2~5 年有效期的外国人居留许可或多次往返签证。

（9）落户。具有中国国籍的高层次人才，可不受户籍所在地的限制，直接落户北京。对于愿意放弃外国国籍、申请加入或恢复中国国籍的高层次人才，由公安机关根据《中华人民共和国国籍法》的有关规定优先办理入籍手续。

（10）资助。为入选“千人计划”“海聚工程”等高层次人才提供 100 万元人民币的一次性奖励。为高层次人才创办的企业优先提供融资担保、贷款贴息等支持政策。对承担国家科技重大专项和北京市重大科技成果产业化项目的高层次人才，由北京市政府科技重大专项及产业化项目统筹资金给予支持。

（11）医疗。人才特区的高层次人才享受医疗照顾人员待遇，由北京市卫生行政部门为其发放医疗证，到指定的医疗机构就医。所需医疗资金通过现行医疗保障制度解决，不足部分由用人单位按照有关规定予以解决。

（12）住房。北京市采取建设“人才公寓”等措施，为高层次人才提供一万套定向租赁住房。

（13）配偶安置。高层次人才配偶随迁并愿意在北京市就业的，由北京市相关部门协调推荐就业岗位。

第十二章 国家“十二五”创新基地发展布局调研报告

近年来，我国颁布实施国家自主创新基础能力建设“十一五”规划和国家科技基础条件平台建设纲要（2004—2010 年），建设了一批达到或接近国际先进水平的重大科技基础设施，构建了科技资源开放共享的全国大型科学仪器设备协作共用网，国家重点实验室和野外观测台站（网）分别达到 327 家和 105 个，科技创新的物质技术基础进一步夯实。至“十一五”末，累计建设国家工程中心 391 家、国家工程实验室 91 家、国家认定企业技术中心 729 家以及一大批行业和地方创新基地，产业技术创新能力总体布局进一步完善。各类国家检测中心、产品检测实验室等加快发展，科技进步和创新的技术基础体系日趋完善。

一、研究实验基地与综合性实验服务机构建设

（一）国家重点实验室和国家实验室

截至 2010 年年底，院校国家重点实验室正在运行的共计 212 个，分布在全国 22 个省、自治区和直辖市，固定人员达到 2.1 万余人，仪器设备总价值 159.5 亿元，实验室总建筑面积 186.5 万平方米。2010 年，院校国家重点实验室共主持和承担在研课题 2.4 万余项，获得科研经费超过 110 亿元。获得国家级奖励 68 项，其中获得自然科学二等奖占当年受奖总数的 50%。

（二）国家野外科学观测研究站

截止到目前，正在运行的国家野外科学观测研究站共有 105 个，其中生态系统野外观测研究站 53 个，国家材料自然环境腐蚀试验站 28 个，大气成分本底站 4 个，特殊环境与灾害观测研究站 6 个，地球物理观测研究

站 14 个。

（三）国家工程（技术）研究中心

国家工程（技术）研究中心主要依托行业、领域科技实力雄厚的重点科研机构、科技型企业或高等院校建设，提供多种工程技术研究开发、设计和试验等综合性服务。截至 2010 年，国家工程技术中心数量达到 391 个，遍布全国 29 个省、自治区、直辖市，涵盖了农业、制造业、电子与信息通信、材料、能源与交通、建设与环境保护、资源开发、轻纺、医药卫生等关键技术领域。

（四）国家大型科学仪器中心和国家级分析测试中心

国家大型科学仪器中心和国家级分析测试中心两类机构是国家综合实验服务机构的重要代表。2010 年，两类中心围绕国家重大专项的实施，食品安全、环境安全、节能环保等领域，强化了联合攻关，开展新型仪器设备研发与技术方法研究。2010 年上海世博会、广州亚运会期间，两类中心在食品检测、环境监测、兴奋剂检测、安全保障等方面发挥了不可替代的重要作用。同时，在大飞机、高速铁路用新型材料服役性能测试、化学成分控制，新型能源材料检测等方面做了大量工作。

二、科研条件建设

据不完全统计，2010 年，包括科学仪器、科研用试剂、实验动物、标准在内的科研条件领域项目中，在研项目共取得新产品、新材料、新装置等各类科技成果 414 项；发表论文 684 篇，其中在国外发表 328 篇；出版专著 8 部。申请专利 346 项，其中发明专利 248 项；获得专利授权 119 项，其中发明专利授权 52 项。完成 67 项技术标准制定；正在制定中的各类技术标准 35 项。

科技资源共享取得积极进展。中国科技资源共享网已经成为国家科技资源信息共享的门户和枢纽。截止到 2010 年，中国科技资源共享网共集成各类科技资源信息 512 万条，形成 28 类资源信息数据库，数据量超过 1 000TB，可提供网络计算服务、远程共享服务、虚拟实验室服务、文献服务等 6 大类共 20 余项特色服务，共享网访问量超过 940 万人次，注册用户 1.9 万余人，用户范围覆盖 69 个国家、国内 559 个城市。科技文献共建共享成绩斐然。2010 年，国家科技图书文献中心的各类网络版资源全文年利用量达 3 600多万篇，累计提供文献检索 6.09 亿次，2010 年文献全文传递量达 120 万微束。分析大型仪器远程共享平台对实时远程控制离子探针质谱仪（SHRIMPII）远程共享技术进行了成熟的应用。科技平台对经济社会发展的支撑作用日益凸显。截止到 2010 年，在大型科学仪器设备共享平台建设方面，中央财政以 3 000多万的平台专项投入，集成了全国七大区域 31 个省市单台套原值 10 万元以上的大型科学仪器 4 万台套，撬动了总价值近 300 亿元的大型科学仪器资源开放共享，促进了各地大型科学仪器设备使用效率的提高。动物种质资源共享平台已向科研机构和社会公众提供实验材料 29 021份、活体资源 7 987种；为农业生产提供松毛虫赤眼蜂 28 亿头，用于防治玉米螟面积 18.7 万亩，提供螟黄赤眼蜂 69 亿头，防治螟虫 23 万亩（1 亩≈667 平方米，全书同）。国家标准文献共享服务平台向社会各界提供开放检索服务的标准文献资源总量达 50 多万条，提供标准文献全文传递服务共 62 843份 193 万页，标准文献全文在线服务 4 750份。网络协同计算平台为研究人员和社会公众提供了 7 408.4 万 CPU 小时的计算服务，共完成 74.3 万个计算作业。

三、技术创新服务平台建设

技术创新服务平台建设是“十一五”期间地方平台建设关注的重要方面。这些平台在整合资源的基础上，开展技术创新服务，满足企业特别是中小企业技术创新需求，在降低企业研发成本，提高企业创新能力和竞争力等方面发挥了重要作用。

1. 地方平台建设推动地方科技资源共享，提升了对区域经济和产业发展的支撑能力

据不完全统计，至 2010 年年底，各省市用于平台建设的经费超过 60 亿元，占地方科技总体投入比例约为 10%，占比超过 20%的省市达 1/3 以上。各省市中，有 60%以上设立了科技平台建设专项资金。全国各省（区、市）在大型科学仪器设备、自然科技资源、科技文献、科学数据、网络科技环境等领域整合建立了上百个公益性地方科技资源共享平台。同时，面向区域特色产业，各省（区、市）建立了信息、医药、装备制造

等多个领域的技术创新服务平台，服务于企业技术创新。各地方平台资源共为十万余家企业和大量高校、科研院所等提供了科技服务，带来了近百亿元的服务收入，为用户带来了上千亿元的经济效益。

2. 地方企业技术创新服务平台建设形式多样，成效显著

浙江长兴绿色动力能源技术创新服务平台。在浙江省科技厅、省质检总局的支持下，浙江长兴蓄电池产业集聚区依托骨干企业建设了长兴绿色动力能源技术创新服务平台。该平台与省内外大专院校合作，建成了“长三角绿色动力中心”，引进国外先进科技研发团队，逐步形成了集检测、研发、信息、培训、品牌推广于一体的公共服务平台。它以“公共厨房”的运行模式，提供开放性实验室、企业实验室以及全球专家的技术指导等资源，为长兴绿色动力能源130多家生产企业及周边20多个地区600多家的绿色动力能源及配套产品生产企业提供服务，以减少企业研发成本，推动企业技术升级，解决绿色动力能源产品研发难点中的共性问题，成为蓄电池产业和企业创新的共享实验室，为绿色动力能源电池产业发展发挥了重要的支撑作用。

河南小麦产业技术创新服务平台。由郑州市科学技术情报研究所、国家小麦工程技术研究中心、国家粮食局粮油食品工程技术研究中心、郑州华粮科技股份有限公司等院校、科研机构及相关企业共同组建。近年来，该平台以支撑小麦产业技术创新和小麦主产区经济发展为目标，协同技术攻关，创新服务模式，及时、主动、深入地为企业和农户开展多种形式的服务。平台利用农村信息化工程建设的宽带网络多媒体应用系统，通过电视数字机顶盒技术面向农村、农户提供小麦技术、科学普及、市场信息等多样化综合信息服务。目前该系统覆盖范围已扩大至全国16个省48万个行政村、300万农户。该平台面对突发问题，积极主动开展服务。2010年上半年，一些小麦产区出现冻害、干旱和病虫害防治等问题，该平台组织多名小麦专家深入田间地头，有针对性地对农民进行清沟沥水、科学追肥、消除杂草、防病治虫等技术培训，受到热烈欢迎。

吉林省创新医药公共服务平台启动。吉林省启动吉林创新医药公共服务平台建设，由省政府出资投入和补贴，以省中医药科学院为主体组建，该平台为医药企业提供低成本、专业化的研发一条龙服务，使医药企业研发成本降低20%至30%，医药成本也随之降低。该平台主要由

现代中药创新中心、生物药创新中心、化学药创新中心 3 个研究开发部门以及公共实验检测中心、药效毒理评价中心、新药中试孵化中心、公共信息服务中心等公共服务部门构成。该平台通过政、产、学、研联合，围绕吉林省药品生产企业和医药产业发展的需要，运用现代科学技术手段，研制一批安全、有效、方便、价廉，具有自主知识产权和市场竞争力的药物新产品，重点攻克严重制约发展的瓶颈技术，加速新药创制的进程。

四、国家创新基地的发展思路

科技创新基地和平台是支撑科技进步和创新的重要物质基础。要以加强自主创新能力建设为目标，优化科技资源配置，推进科技资源开放共享和高效利用，基本建成满足科技创新需求的资源和条件支撑体系。

1. 加强科技创新基地建设布局

依据国民经济和社会发展需求、科技发展的内在规律，继续完善现有各类创新基地建设布局。加强分类指导，引导各类创新基地按照各自功能要求良性发展。推动国家重大创新基地建设。

在能源科学、生命科学、地球科学、环境科学、材料科学、空间和天文科学、粒子物理和核物理、工程技术科学等领域，布局建设一批国家重大科技基础设施和大科学装置。

在能源、信息、资源环境、农业、人口健康、先进制造、交通运输和公共安全等国家战略需求领域，以及基础前沿领域和新兴交叉学科领域，按照择优布局的原则，继续在高等学校和科研院所推进国家重点实验室建设，打造国际一流水平的基础研究骨干基地。结合技术创新工程实施，加强企业国家重点实验室建设。积极推进港澳地区国家重点实验室伙伴实验室建设。促进军民共建国家实验室建设。支持部门和地方加强重点实验室建设。围绕重大科学工程和重大战略科技任务，建设若干国家实验室。继续稳步推进国家野外科学研究观测研究站（网）建设。加强国防科技重点实验室、国防科技先进技术研究中心、军民共建实验室建设。

在关键产业技术领域，结合区域特色和优势科技资源，建设一批国家工程（技术）研究中心、工程实验室，加强考核评估，调整优化建设布局。加强国家大型科学仪器中心、国家级分析测试中心、国家科技图书文献中心、国家实验动物种子中心、国家计量科技创新基地等综合实验服务基地建设。

进一步加强大学科技园、企业技术中心、生产力促进中心、技术转移示范中心、科技企业孵化器等技术创新、成果转化、创业孵化基地的建设和布局。推动国际联合研究中心、国际科技合作创新联盟和国际技术转移中心等国际科技合作基地建设。

2. 加强科技条件资源的开发应用

加强科学仪器设备自主研发和应用。以新原理、新方法为突破口，研发若干前沿重大科研仪器设备。集中力量攻克若干科学仪器设备核心技术和关键部件，研发一批重要通用科学仪器，提升科学仪器设备产业的核心竞争力。加强科学仪器的小型化、专用化研究，加快推进具有自主知识产权科学仪器的应用示范和产业化。

着力推动科研用试剂、优势实验动物资源、实验动物新品种（系）的开发与应用，加强重要分析测试技术研究和应用。加强科技文献领域的关键技术研究和应用。建立高精确度和高稳定性的计量基标准和标准物质体系，加强面向战略性新兴产业发展、民生改善以及其他重点领域的计量基标准、计量方法与计量测试技术研究。加强科学思维、科学方法和科学工具研究，强化创新方法的应用推广。加强科技条件资源的质量保障体系建设，推动科技条件资源管理的规范化和制度化。

3. 推进科技平台建设和开放共享

进一步完善科技基础条件平台和技术创新服务平台的建设布局，强化支撑服务能力建设，更加突出平台的开放运行和为研发创新提供公共服务的能力。在信息、生物、新材料、航空航天、能源、海洋、节能减排等重点领域以及新兴、前沿和交叉学科领域，推动多学科交叉集成、面向社会开放服务的共享平台建设。继续加强科学仪器设备、计量基标准装置、科技文献、科学数据、网络科技环境、自然科技资源等各类科技资源的整合和开放共享。建立健全平台运行服务的评价体系、管理模式和支持方式。鼓励科研院所、高等学校向社会开放科技资源。

加快科技资源开放共享网络建设，构建国家科技资源调查的长效机制，加强科技资源整合与共享的标准化工作。按照分层建设、分级管理的要求，加速中央和地方优质资源的衔接互动。

专栏　科技平台重点工作

重点科技平台建设。建立国家科技平台认定、绩效考核评估和以奖代补制度，推动平台运行服务。推进各类科技计划项目实施形成的科技资源向相关科技平台汇交，完善国家科技平台体系，提升科技资源整合共享水平。加强对地方科技平台工作的指导。面向战略性新兴产业和区域经济发展，推进技术创新服务平台建设。面向重点领域创新需求，推动大型科学仪器设备与试验基地建设，补充完善自然科技资源、科学数据等重点科技资源。

科技资源调查。加强对跨行业、跨部门、跨地区、跨系统分布的重点科技基础条件资源的调查，继续完善大型仪器设备、研究试验基地和生物（动物、植物、微生物）种质资源的调查。开展各类检测资源、科学数据（库）等相关资源的调查。围绕搭建和完善企业技术创新支撑服务体系，针对产业技术创新和战略性新兴产业培育，选择重点领域、重点区域的特色资源开展试点调查。加强调查数据的分析利用。

第十三章　国内外典型科技城管理和运行机制比较研究

世界上以美国硅谷、印度班加罗尔、中关村等为代表的科技城（高科技园区/高新区）的管理和运行机制，为青山湖科技城提供了丰富的发展经验。

尽管科技城（高科技园区/高新区）的基本构成要素和创新系统具有一定共性，但概观世界高科技园区的发展，目前科技城（高科技园区/高新区）基本存在5种不同的发展模式：科学（技）园模式、科学（技）城模式、高新技术加工区模式、技术城模式、高新技术地带模式。按照M. 卡斯特尔和P. 霍尔的管理模式分类标准，可将高新区的管理体制划分为5类：政府管理型体制、大学和科研机构管理型体制、公司管理型体制、协会管理型体制和政府、大学、企业组成联合机构管理型体制。

我国高新区如按国际惯例划分，绝大多数是“高新技术加工区”类型，尤以东部沿海的高新区最为典型；少数是“科学园”、“科学城”或“技术城”类型，如北京中关村是典型的科学园、安徽合肥高新区是典型的科学（技）城。我国高新区的管理模式分为政府主导、企业主导和政企合一三种类型。

国内外科技园（高科技园区/高新区）管理和运行机制对青山湖科技城的启示。

1. 科技城管委会要理清管理和运行机制中各主体间的多种关系

理清管委会下设部门之间的关系，在管委会的领导下，下设管委会组成部门、直属部门和特设机构，并借鉴苏州高新区成立经济发展总公司的经验，委托公司负责科技城的经济开发工作。理清管委会、高校、科研单位以及园区企业之间的关系，积极探索符合高新技术产业发展的合作体制，加强管委会与其他组织之间的联系与合作，增加园区活跃，资源共享。正确处理好高新区管委会与市政府之间的关系，管委会与上级主管部门要搞好关系，将管委会与市政府之间的关系制度化。

2. 合理设定科技城管委会职能、精简设置管理机构

要从制度上合理安排管委会的职能，确定履行职能所需的管理权限。管委会应该遵循统一、廉洁、精简、高效等机构设置原则，精简管理机构，设置扁平化组织结构，压缩管理层级，建设效率高、速度快、符合市场经济发展和现代化管理理念的高效组织机构。制定机构设定文件和政策，从制度上保证机构设置的科学性、适用性。

3. 建立健全符合科技城自身特色的中介管理和服务体系

青山湖科技城管委会在“二次创业”大潮的过程中，要适应现代市场经济的发展，做好市场配套服务工作，建立和健全覆盖全区的社会中介体系，为园区企业，社会提供便利的服务。一方面，科技城管委会要引进和发展风险投资公司、市场管理咨询公司，科技实力评估公司、科技产权交易公司、知识产权保护公司等，让具有行业资质的高层次律师事务所，会计事务所加盟高新区，解决园区企业日常管理中遇到的难题，为园区企业提供社会化服务和技术保障。另一方面，管委会应该积极总结经验，制定和完善社会中介组织管理的政策文件，将社会中介组织管理制度化，建立符合科技城特色的中介管理和服务体系。

4. 充分借鉴科技园（高科技园区/高新区）“二次创业”中的管理和运行机制创新成果

当前，很多科技园（高科技园区/高新区）在管理和运行机制创新过程中，取得了一定的经验与成果，青山湖科技城在建立符合自身发展的管理和运行机制过程中，应基于自身特点，及时借鉴和吸取苏州、青岛和无锡等高新区的建设经验，建立、完善和创新符合自身特征及需求的管理和运行机制。

主要参考文献

陈益升 . 2008 高科技产业创新的空间—科学工业园区研究［M］. 北京：中国经济出版社 .

代帆. 2001. 我国高新技术产业开发区管理模式比较研究［J］. 科学管理研究，19（4）：26-29.

管光前 . 2010-12-09. 青山湖科技城 8 家入驻院所动建［N］. 杭州日报 .

国家“十二五”科学和技术发展规划 . http：//www.gov.cn/jrzg/2011-07/13/content_ 1905911.htm.

国家创新体系建设战略研究组 . 2008. 国家创新体系发展报告［M］. 北京：知识产权出版社 .

杭州市人民政府 . 2011-1-28. 杭州市国民经济和社会发展第十二个五年规划纲要 .

杭州市人民政府. 关于推进浙江省科研机构创新基地（青山湖科技城）建设的若干意见. （杭政函［2011］59 号）. http：//www.hangzhou.gov.cn/art/2014/6/20/art_ 964937_ 282948.html

金科 . 2011. 浙江：加强区域创新体系建设 助推经济转型升级［J］. 今日科技（10）：6-9.

科学技术部发展计划司 . 2011. 2010 年国家高新技术产业开发区科技创新能力分析［J］. 科技统计报告（12）.

李景涛 . 1987. 法国科学技术城的兴起［J］. 科技管理研究（3）：50-51.

临安市人民政府 . 2011-3. 临安市国民经济和社会发展第十二个五年规划纲要 .

祁明 . 2009. 区域创新标杆［M］. 北京：科学出版社 .

申小蓉 . 2006. 国际视野下的科技型城市研究［D］. 成都：四川大学.

腾堂伟，曾刚，等 . 2009. 集群创新与高新区转型［M］. 北京：科

学出版社 .

王元，张晓原，赵明鹏 . 2011. 中国创业风险投资发展报告［M］. 北京：经济管理出版社 .

赵辉. 2007. 国家高新区管理体制和服务模式研究［D］. 西安：西北大学.

浙江省 2006 年各市县科技进步统计监测评价报告 . http：//www.zjkjt.gov.cn/html/node18/detail170402/2008/170402_ 14828.html.

浙江省 2009 年度各地市科技进步统计监测评价报告 . http：//www.zjkjt.gov.cn/html/node18/detail170403/2011/170403_ 21781.html.

浙江省技术创新“十一五”规划纲要 . http：//www.zjkjt.gov.cn/html/node18/detail1709/2008/1709_ 14929.html.

浙江省人民政府 . 2011-2-28. 浙江省国民经济和社会发展第十二个五年规划纲要 .

浙江省人民政府 . 2011-6-7. 浙江省科学技术“十二五”发展规划. http：//www. zjkjt. gov. cn/news/node11/detail1101/2011/1101 _ 22716.htm.

中国城市规划设计研究院上海分院 . 2010. 青山湖科技城概念性规划及城市设计［R］.

中华人民共和国科学技术部 . 2011. 中国科学技术发展报告（2010）［M］. 北京：科学技术文献出版社 .

邹樵，陈建洪. 2011. 高新区管理模式的国内外比较与启示［J］. 中外企业家（17）：85-89.

后　记

本书是在中国科学技术发展战略研究院原常务副院长王元研究员、副院长刘冬梅研究员的指导下完成的“浙江省青山湖科技城中长期发展规划研究”（2013年1月5日结题）等项目的主要成果。此项研究是集体的创作，每个人都贡献了高价值的研究成果。在课题研究、书稿编审过程中，高志前研究员、龙开元研究员共同负责整个项目的总体设计、统筹协调、统稿，以及相关专题研究。

本书分三部分。一是研究总报告，这是大家共同研究的结果，由龙开元执笔，吸收各专题研究报告成果。总报告的知识产权属于课题组。二是专题研究报告，其知识产权均属于报告署名者。专题研究报告作者如下：《科技城建设的必要性与SWOT分析》：傅晋华；《科技城建设的总体思路与战略目标研究》：龙开元、张华、戴特奇、刘正兵等；《科技城重点产业选择与产业群构建研究》：陈志；《科技城创新基地建设研究》：刘彦、程广宇、段小华；《科技城创新中介服务体系建设研究》：刘彦、程广宇、段小华；《科技城创业投资服务体系建设研究》：于良；《科技城高端创新人才引进规划研究》：周华东；《科技城管理与运行机制研究》：陈诗波；《科技城创新政策体系研究》：周华东。三是调研报告，相关研究人员对国内外相关情况进行了精心梳理，为本项目研究、对读者提供有益参考，其知识产权均属于报告署名者，附录报告作者如下：《中关村国家自主创新试验区主要政策调查报告》周华东；《国家“十二五”创新基地发展布局调查报告》程广宇；《国内外典型科技城管理和运行机制比较研究》毕亮亮。张华助理教授、戴特奇助理教授、刘正兵博士、刘雷博士等为本书数据分析、地图绘图、后续研究、修改完善做了大量工作。

在课题组以外，浙江省科技厅原厅长蒋泰维；科技厅办公室、条件处等处室；浙江省院所联合会；杭州市城西科创产业集聚区管委会、发改委、经信委、科技局等；时任临安市副市长严明潮；临安市委办、政府办、发改局、经信局、国土局、规划建设局、科技局、环保局等；青山湖科技城各部门等很多同志和部门对本课题研究做出了大量贡献。

对上述同志和单位给予的大力支持，课题组深表感谢。

课题组

2017 年 3 月

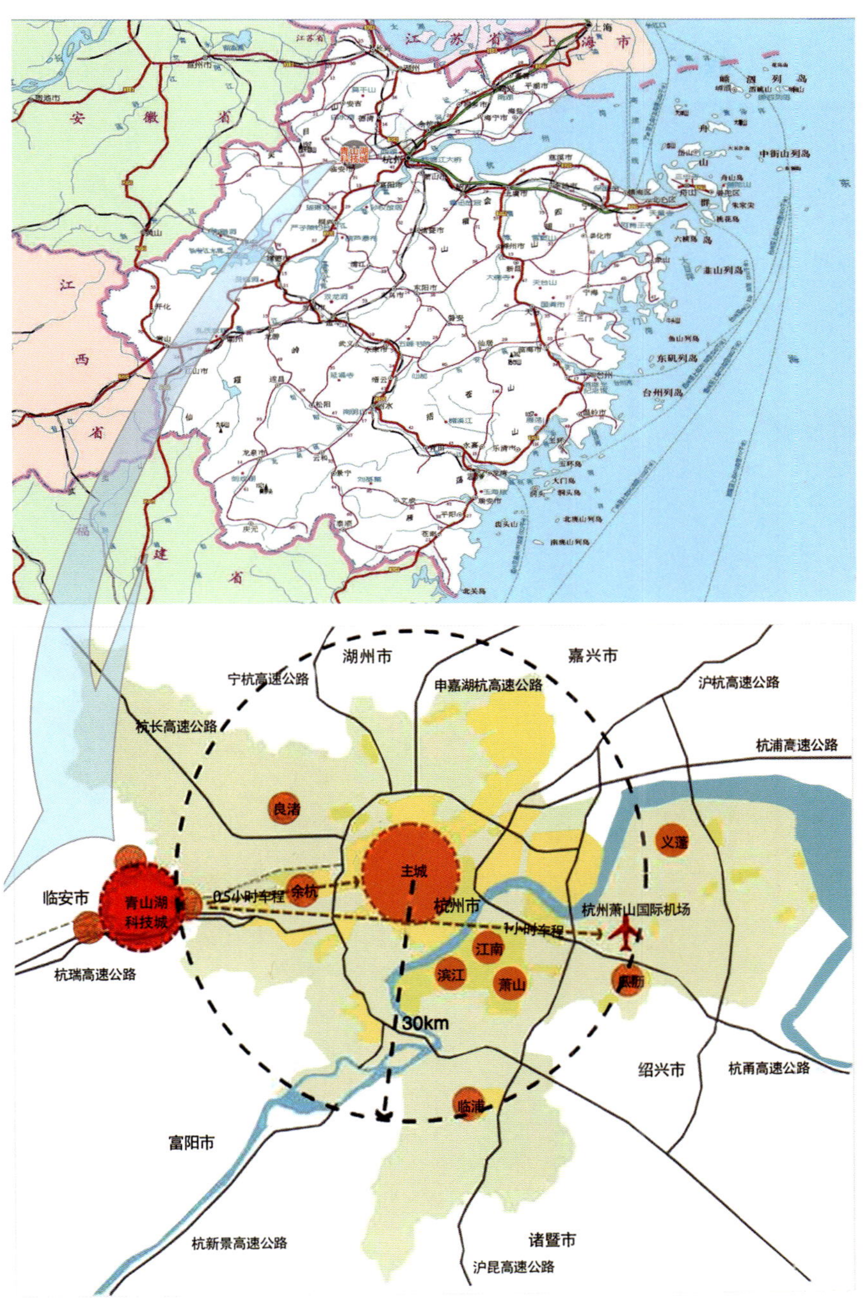

青山湖科技城区位示意图

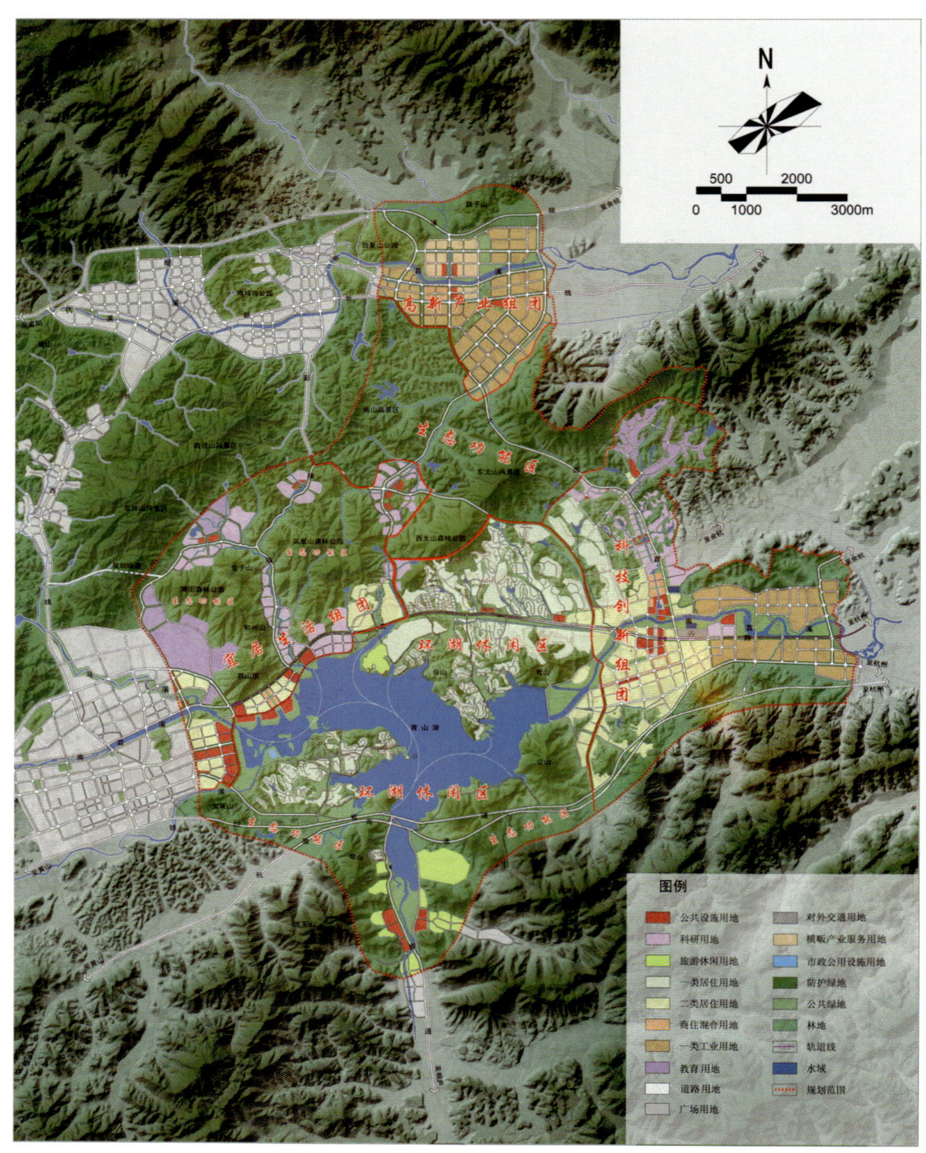

青山湖科技城功能区示意图